高等职业教育烹调工艺与营养专业规划教材

热菜制作

主　编　庄　惠　沈　晖
副主编　罗来庆　许　磊　林海明　侍　朋
　　　　陈锦容
参　编　孙迁清　杭东宏　赵　健　戚善游
　　　　张胜来　丁玉勇　罗桂金　周佳佳

重庆大学出版社

内容提要

本书根据高职高专教材建设的具体要求和高等职业教育的特点编写，在内容安排上，以对应职业岗位的知识和技能要求为目标，以实用为重点，以项目为主线，分4个项目介绍热菜的实践技能。项目1为家畜类热菜制作，项目2为家禽类热菜制作，项目3为水产类热菜制作，项目4为荤、素菜类热菜制作。本书以实践为主，以图文并茂的形式介绍菜肴的制作过程。本书体系完整，内容丰富，实用性强，文字通俗易懂，适合职业教育烹饪等专业学生使用，也可作为烹饪爱好者的参考书。

图书在版编目(CIP)数据

热菜制作 / 庄惠，沈晖主编. -- 重庆：重庆大学出版社，2020.8
高等职业教育烹调工艺与营养专业规划教材
ISBN 978-7-5689-1675-2

Ⅰ. ①热… Ⅱ. ①庄…②沈… Ⅲ. ①中式菜肴—烹饪—高等职业教育—教材 Ⅳ. TS972.117

中国版本图书馆CIP数据核字(2019)第260959号

高等职业教育烹调工艺与营养专业规划教材
热菜制作
主　编　庄　惠　沈　晖
副主编　罗来庆　许　磊　林海明　侍　朋　陈锦容
策划编辑：沈　静
责任编辑：李桂英　何俊峰　　版式设计：博卷文化
责任校对：谢　芳　　　　　　责任印制：张　策
*
重庆大学出版社出版发行
出版人：饶帮华
社址：重庆市沙坪坝区大学城西路21号
邮编：401331
电话：(023) 88617190　88617185(中小学)
传真：(023) 88617186　88617166
网址：http://www.cqup.com.cn
邮箱：fxk@cqup.com.cn(营销中心)
全国新华书店经销
重庆魏承印务有限公司印刷
*
开本：787mm×1092mm　1/16　印张：14.25　字数：349千
2020年8月第1版　2020年8月第1次印刷
印数：1—3 000
ISBN 978-7-5689-1675-2　定价：59.00元

P R E F A C E

前 言

热菜制作是中国烹调艺术的集中体现，能够反映厨师精湛的烹调技艺。中国地域辽阔，气候各异，由于地理位置的不同和人们生活习惯等方面的差异，在中国热菜的形成和发展过程中，产生了众多流派，如山东菜、四川菜、江苏菜、广东菜、湖南菜、安徽菜、浙江菜、福建菜等地方菜系。热菜制作方法可划分为以水为传热媒介的水烹法制作工艺，以油为传热媒介的油烹法制作工艺，以蒸汽为传热媒介的汽烹法制作工艺，以红外微波为传热媒介的辐射法制作工艺，以及一些特殊或不常用的烹调方法制作工艺等。可以说，热菜的发展推动了中国烹调工艺不断发展，热菜的发展历史是整个中国烹饪发展历史的核心，其地位和作用是显而易见的。

本书根据高等职业教育烹调工艺与营养专业的人才培养方案、课程设置及课程标准的要求编写，以实践技能为主，形成了自身的理论架构、体系和特色。在形式上，本书注重对学生综合职业能力和岗位实践能力的培养；在内容上，更好地与烹饪行业的生产过程相联系，从而使本书的体系更完整。

本书的特色在于突出了内容的实用性和系统性，并且每个任务都设有任务、目标、任务评价、能力拓展等，便于学生学习。本书注重突出职业性、实用性、实践性，注重培养学生运用知识的能力。

本书由镇江高等职业技术学校庄惠、江苏旅游职业学院沈晖担任主编；江苏食品药品职业技术学院罗来庆、江苏旅游职业学院许磊、涟水中等专业学校林海明、盱眙中等专业学校侍朋、无锡旅游商贸高等职业技术学校陈锦容担任副主编；南京旅游职业学院孙迁清、无锡旅游商贸高等职业技术学校杭东宏、盱眙中等专业学校赵健、盱眙中等专业学校戚善游、江苏食品药品职业技术学院张胜来、江苏食品药品职业技术学院丁玉勇、淮阴商业学校罗桂金、江苏食品药品职业技术学院周佳佳等老师参与编写。本书可作为高职高专烹调工艺与营养专业、食品专业和餐饮管理专业教学用书。

本书在编写过程中，参考了相关著作、教材和其他文献，得到了重庆大学出版社的大力支持，在此一并表示感谢。

由于编者水平有限，书中不足之处在所难免，敬请同行专家、读者批评指正。

编 者

2020年3月

目 录

CONTENTS

项目1 家畜类热菜制作

目 录

目 录

CONTENTS

项目3 水产类热菜制作

目录

CONTENTS

目录

CONTENTS

项目1

家畜类热菜制作

【项目目标】

1. 了解各种家畜类热菜的制作特点。
2. 掌握各种家畜类热菜的制作方法。

【项目介绍】

本项目的主要内容是学习家畜类热菜制作。家畜类热菜品种繁多，烹法多样，选料严格，调味讲究。

任务1　清炖蟹粉狮子头

图1.1　清炖蟹粉狮子头

1）任务

学习制作清炖蟹粉狮子头。

2）目标

了解清炖蟹粉狮子头的用料规格和制作过程，掌握其制作要点。

3）用料规格

猪肋条肉800克，青菜心12棵，蟹粉100克，绍酒10克，精盐20克，味精1.5克，葱姜汁15克，干淀粉50克。

4）制作方法

①先将猪肉刮净、出骨、去皮，然后将肥肉和瘦肉分别细切粗条，剁成细粒，用绍酒、盐、葱姜汁、干淀粉、蟹粉拌匀，做成6个大肉丸，再将剩余蟹粉分别粘在肉丸上，放在汤里，上笼蒸50分钟，使肉丸中的油脂溢出。

②将切好的青菜心用热油锅煸至呈翠绿色取出。取砂锅1只，锅底放1块熟肉皮（皮朝上），将煸好的青菜心倒入，再放入蒸好的狮子头和蒸出的汤汁，上面用青菜叶子盖好，盖上锅盖，上火烧滚后，移小火上炖20分钟即成。食用时，将青菜叶去掉，放味精，连砂锅上桌。

5）制作要点

选用五花肉，肉馅搅拌上劲，炖时火要小。

6）成品特点

肉丸肥而不腻，青菜酥烂清口，蟹粉鲜香，肥嫩异常。

7）任务评价

项目＼分数＼指标	刀工	口感	色泽	口味	盘形	动作	速度	卫生	节约	合计
标准分（百分制）	15	20	20	20	5	5	5	5	5	100
扣分										
实得分										

8）能力拓展

炖金银蹄

用料规格：

火腿肘子1只，鲜猪后蹄1只，姜块10克，葱结6克，黄酒15克，精盐4克，虾子1克，食碱10克。

制作方法：

①先将火腿肘子用微烫的清水加食碱刷洗干净，再用清水冲洗两次，放入清水中浸泡2小时取出，镊去毛，修去夹黄，煨熟，脱去骨待用。然后将猪后蹄剖开，去骨，切去下皮，去毛，在清水中刮洗干净，与骨头一起入沸水锅焯水洗净。

②取砂锅1只，内放竹垫，将火腿肘子放入（皮朝下），加满清水，中火烧沸，撇去浮沫，放入葱、姜、虾子、黄酒，上压盖盘，盖上锅盖，焖约1小时。再将猪后蹄放入，焖约半小时，将二蹄取出，微凉，分别在二蹄的正反面打剞刀（不切断），排入碗内，上笼蒸至酥烂取出，覆入汤碗内，揭去扣碗。炒锅置于火上，倒入原汤，烧沸，加入精盐，盛入碗内即成。

制作要点：

①火腿肘子与猪蹄去毛并清洗干净。

②火候掌握恰当，肘子和猪蹄不易同时成熟，分先后将它们放入汤锅，保证火腿肘子酥香，猪蹄糯烂，汤汁浓厚。

成品特点：

汤浓汁厚，猪蹄鲜香，火腿肉腊香，两色分明。

任务2 扒烧整猪头

1）任务

学习制作扒烧整猪头。

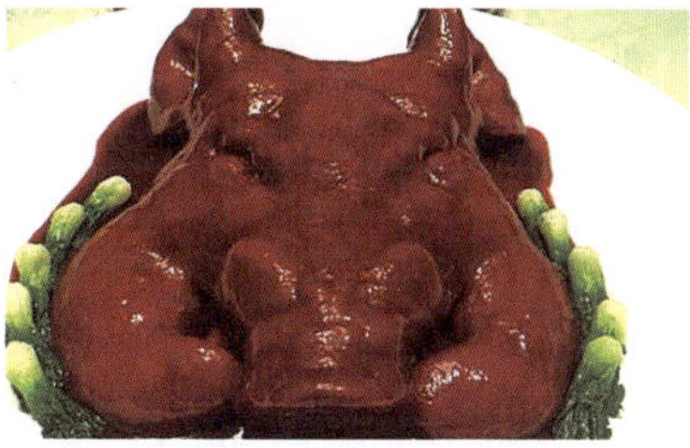

图1.2 扒烧整猪头

2）目标

了解扒烧整猪头的用料规格和制作过程，掌握其制作要点。

3）用料规格

猪头6 500克，酱油250克，冰糖500克，姜50克，八角15克，香菜10克，料酒1 000克，香醋200克，小葱100克，桂皮25克，小茴香籽10克。

4）制作方法

①将姜洗净，切片；葱洗净，打成结；香菜择洗干净，消毒，备用；将猪头镊去毛，

放入清水中刮洗干净；猪面朝下，放在砧板上，从猪后脑中间切开，剔去骨头和猪脑，放入清水中浸泡约两小时，漂净血污。

②将猪头入沸水锅中煮约20分钟，捞出，放入清水中刮洗，用刀刮净猪睫毛，挖出猪眼珠，割下猪耳，切下两腮肉、猪嘴，剔除淋巴肉，刮去舌膜；再将眼、耳、腮、舌和猪头肉一起放入锅内，加满清水，用旺火煮2次，每次煮约20分钟，至七成熟捞出；将桂皮、八角、茴香籽放入纱布袋中扎好口，做成香料袋。

③锅中用竹箅垫底，铺上姜片、葱结，将猪眼、耳、舌、腮、猪头肉按顺序放入锅内，再加冰糖、酱油、料酒、香醋、香料袋、清水。清水要浸过猪头，盖上锅盖，用旺火烧沸后，改用小火焖约2小时，直至汤稠肉烂。将猪舌放在大圆盘中间，头肉面部朝上盖住舌头，再将腮肉、猪耳、眼球按猪头的原来部位摆好，做成整猪头形，浇上原汁，缀上香菜叶即成。

5）制作要点

①用刀切猪后脑时，注意不能切破舌头和猪面。

②猪耳中有许多毛，要将其镊净再入菜。这道菜非常讲究火候。

6）成品特点

色泽红亮，肥嫩香甜，软糯醇口，油而不腻，香气浓郁，甜中带咸。

7）任务评价

项目 \ 分数 \ 指标	刀工	口感	色泽	口味	盘形	动作	速度	卫生	节约	合计
标准分（百分制）	15	20	20	20	5	5	5	5	5	100
扣分										
实得分										

8）能力拓展

冰糖扒猪头

用料规格：

猪头4 000克，冰糖300克，酱油150克，黄酒50克，米醋50克，葱结、姜片各15克，桂皮、八角各10克，绿叶菜少许。

制作方法：

①先将猪头用刀刮净毛根和皮上污物，在下颌顺长劈成两半，放入水锅里焯水至透，捞出用水洗净。

②取大铁锅1只，锅里放竹垫，将猪头朝下，放在竹垫上，加水淹没，放葱结、姜片、黄酒。锅里水烧沸后改用小火将猪头焖1.5小时，焖至八成酥烂，捞出拆去头骨，将猪头改切成大块，仍按猪头形放在竹垫上，放入砂锅里。加入米醋、黄酒、冰糖、酱油、桂皮、

八角、葱结、姜片，在旺火上烧沸后，将锅置于小火上，焖1.5小时左右，焖到猪头肉像豆腐一样酥烂即可出锅。先拣去葱结、姜片、桂皮、八角，将竹垫提起，猪头肉放在铁锅里，倒入卤汁，收汁至浓稠。再将竹垫提起，将猪头肉放入盘里。

③另用大盘扣在上面盘上，连同底盘翻身，将猪头肉翻入大盘里，去掉底盘和竹垫，再用锅里的卤汁浇上，另用绿叶菜围边。

制作要点：

①猪头必须用水焯洗干净，去除腥味。

②猪头拆骨时要小心，注意保持形态的完整。

③严格掌握火候，注意调节火力。

④扒制时应用竹垫，以防焦底。

成菜特点：

色泽酱红色，卤汁浓厚，肉香酥烂，甜中带咸，装盘形态完整。

任务3 松子肉

1）任务

学习制作松子肉。

2）目标

了解松子肉的用料规格和制作过程，掌握其制作要点。

图1.3 松子肉

3）用料规格

去骨肋条肉2 000克，虾仁50克，松子仁75克，豌豆苗150克，虾子15克，精盐10克，酱油25克，绍酒40克，八角5克，味精10克，白糖30克，葱、姜各10克。

4）制作方法

①先将肋条肉放在砧板上，用刀将其修成长方形，肉面批平，再将批下的碎肉与虾仁分别斩成蓉，加调料搅匀成虾肉蓉。

②先将肉块上烤叉，放在炭火上烤至肉皮焦黑时，取出，放入冷水中刮去焦屑，洗净。在肉的一面剞小方格，在皮的一面剞斜方格，再在肉面上抹一层蛋糊，然后将虾肉蓉均匀铺在上面，用刀轻轻排斩几下。

③松子仁下油锅滑油后，均匀地铺在肉蓉上，再轻轻排斩，表面再抹一层蛋糊，然后肉皮朝上放入。

④将肉块在锅中煎至金黄色，取砂锅1只，内垫竹垫；将肉块皮朝下放入，加酱油、绍酒、八角、白糖、葱、姜和清水，上中火烧沸，撇去浮沫，加盖移小火上焖2小时至酥烂，待汤汁稠浓时离火；再将豌豆苗加料炒熟铺在盘子四周，然后将砂锅中的肉块取出，皮朝上装入盘中，浇上卤汁即成。

5）制作要点

①把握好松子肉烤制时间。
②肉面排剁要均匀。

6）成品特点

肉嫩如豆腐，肥而不腻，虾仁鲜美，松子芳香。

7）任务评价

项目 分数 指标	刀工	口感	色泽	口味	盘形	动作	速度	卫生	节约	合计
标准分（百分制）	15	20	20	20	5	5	5	5	5	100
扣分										
实得分										

8）能力拓展

烤　方

用料规格：

猪肋条肉3 500克，花椒盐100克，葱段50克，甜酱100克，麻油50克，白糖20克，空心饽饽12只。

制作方法：

①将猪肋条肉用镊子去毛，用刀刮洗皮面污物。将烤叉擦洗干净，两根竹筷两头削尖。

②将葱切成4厘米长的小段，再切成花鼓形，放入清水碗中浸泡待用。将甜酱放入小碗内，加白糖调匀，上笼蒸熟取出，加麻油和匀待用。

③将肋条肉放在砧板上，用刀从中间将排骨斩断（不要斩断肋骨），再用刀修齐四周，将其切成27厘米长、20厘米宽的长方块。用削尖的竹筷在瘦肉面戳若干蜂窝眼，以便在烤制时让热气排出，不使肉皮起泡。

④将烤叉从肋条肉第二根与第六根肋骨之间沿骨缝叉后再叉出肉面，并用已削尖的两根竹筷横叉在烤叉上，使肋条肉平整地固定在烤叉上，以防在烤制肉块熟烂时下垂变形，影响烤制效果。

⑤将烤炉用燃料烧热，待烟散尽，火灼热逼人时再进行烤制。

第一次烤制使其初步上色。将肋条肉放入炉膛内烤约20分钟，至肉皮发黑取出，用湿布浸湿，用刀刮去皮面焦屑。

第二次烤制促使其皮脆，增加色泽。将肋条肉按第一次方法烤制，并刮净黑屑，用花椒盐搽透肉面和四周，促其去腥，增加香味。

第三次烤制使其平衡受热，上色。将肋条肉放入炉膛，烤至肉皮焦黑时取出，刮净黑屑后，将皮面朝上，肉面朝下，入炉膛烤至肉收缩，肋骨露出时取出。

第四次烤制使其进一步皮脆，完全熟透。肋条肉经过前三次的烤制刮皮，肉皮已明亮发脆，肉也基本熟透，但还未达到尽善尽美。故在食用前，还需把肋条肉放入炉膛，用微火烤约15分钟，使肥肉的脂肪渗入皮内，当发出“吱吱”响声时取出。用刀刮去皮面和四周焦屑，抹上芝麻油，增加烤肉的光泽和香味。将烤肉放在砧板上用刀批下肉皮，将肉切成薄片，分装盘中。上桌时，用葱、甜酱、花椒盐调味，用空心饽饽夹食。

制作要点：

①必须选择小猪肋骨正中第七根肋条肉，因为这块肉脂肪与肌肉均等，肌肉组织实在，烤制时不易使皮肉分开变形。

②宜选用芝麻秆或芦柴作燃料，此燃料无味，火大，发火时间长，便于长时间烤制。

③用竹筷在肉上戳蜂窝眼时不能戳破肉皮，否则会影响烤制效果。

④烤肉时必须严格掌握火候，并注意翻动烤叉，使其受热均匀，同时还应防止肉皮鼓起、皮肉脱离，影响其成形美观。

⑤必须轻轻地刮洗黑屑，以防破皮，影响成菜效果。

成品特点：

色泽金黄、明亮、香脆，肉鲜嫩，肥而不腻。

任务4　冰糖扒蹄

1）任务

学习制作冰糖扒蹄。

2）目标

了解冰糖扒蹄的用料规格和制作过程，掌握其制作要点。

图1.4　冰糖扒蹄

3）用料规格

猪前蹄1 500克，豌豆苗500克，葱段30克，姜20克，精盐5克，酱油25克，料酒、冰糖、味精各适量。

4）制作方法

①将猪蹄去骨，刮洗干净，放入开水锅中煮一下，捞出，洗净血污。用刀在肉面划十字花纹，深度为肉厚的1/3，便于入味，将豌豆苗择洗干净。

②锅内垫入竹箅，蹄子皮朝下，放入葱段、姜片、料酒、酱油、冰糖、清水，上火烧开，撇去浮沫，盖上锅盖，改用小火焖1小时，待汤汁变稠时，加味精，将猪蹄皮朝上扣在盘中，锅内汁用火调浓，浇在蹄皮上。

③另用炒锅置于火上，放入底油，把豌豆苗放入锅中煸炒，放精盐、味精调好后围在猪蹄的四周即可。

5）制作要点

①猪蹄加工要彻底。
②上火焖制应掌握好时间。

6）成品特点

形状整齐美观，色泽光亮，口味甜中带咸，酥烂入味。

7）任务评价

项目 \ 分数 \ 指标	刀工	口感	色泽	口味	盘形	动作	速度	卫生	节约	合计
标准分（百分制）	15	20	20	20	5	5	5	5	5	100
扣分										
实得分										

8）能力拓展

盐水蹄髈

用料规格：

猪前蹄髈1只，硝水100克，精盐75克，花椒10克，姜片8克，葱20克，黄酒50克，水淀粉15克，八角适量。

制作方法：

①将蹄髈放在砧板上，用刀沿蹄肉中间平剖开，剔去骨头，镊净猪毛，放入清水中漂洗，并用刀将蹄皮面的污物刮尽。

②放入硝水、精盐、花椒、八角、葱、姜将蹄髈腌制6小时后用水洗净。将蹄髈放入沸水锅中焯水至断生，捞出用清水洗净。

③取干净砂锅1只，内放竹箅，加入猪蹄，用纱布将姜片、葱段、精盐、花椒、八角包好放入锅内，放黄酒，舀入清水淹至肉面，用旺火烧沸，撇去面上浮沫，压上盖盘，移小火焖至酥烂，装盘浇上卤汁上席食用。亦可将肉捞出，晾凉后用刀改成片，扣在碗中，加原汤卤上笼，用大火速蒸5分钟取出，拣去姜、葱、花椒，翻扣入盘中。炒锅置于火上，待卤汁煮沸后，用水淀粉勾芡，浇上即可。

制作要点：

花椒、八角等香料需用纱布包好入锅，香料的用量不宜太多，否则汤汁易发黑，影响菜肴的色泽。

成品特点：

咸鲜香嫩，口感酥烂，肥而不腻。

任务5 翡翠蹄筋

1）任务

学习制作翡翠蹄筋。

图1.5 翡翠蹄筋

2）目标

了解翡翠蹄筋的用料规格和制作过程，掌握其制作要点。

3）用料规格

干猪蹄筋100克，丝瓜300克，火腿75克，虾子2克，盐3克，淀粉（蚕豆）20克，清鸡汤500克，猪油（炼制）150克。

4）制作方法

①将干猪蹄筋放入三成热温油中，炸至其收缩透明、内部水分排尽后捞出。用碱水将干猪蹄筋洗净，投入热水锅中焖10小时左右，使蹄筋恢复至原来体积大小。其内部发软后，盛入容器内，加入碱水，发至原体积的2～3倍时，捞出放入清水中，反复漂洗，去净碱味。

②将猪蹄筋切成6厘米长的段。将丝瓜刮去表皮使其呈翠绿色，切去两头，剖成两片，挖去瓤，洗净，切成长约4厘米、宽约1厘米的条。将熟火腿切片。

③将锅置于火上，舀入熟猪油，烧至四成热时，放入丝瓜条炒至呈碧绿色，倒入漏勺。炒锅再置于火上，舀入清鸡汤，放入蹄筋、火腿片、虾子以及熟猪油，烧至蹄筋软糯。再加精盐、丝瓜条，烧沸后用水淀粉勾芡，起锅盛入盘内即成。

5）制作要点

蹄筋涨量大，涨发时间要长，并且要将毛去除干净。

6）成品特点

入口韧、软、滑、糯，其色呈半透明黄玉状，汤汁稠浓，味道醇和。

7）任务评价

项目 \ 分数 \ 指标	刀工	口感	色泽	口味	盘形	动作	速度	卫生	节约	合计
标准分（百分制）	15	20	20	20	5	5	5	5	5	100
扣分										
实得分										

8）能力拓展

鸡粥蹄筋

用料规格：

水发蹄筋150克，生鸡脯肉125克，猪肥膘肉75克，鸡蛋（3个）清，火腿末10克，黄酒30克，熟鸡油15克，精盐3克，熟猪油75克，水淀粉30克，清鸡汤800克。

制作方法：

①分别将鸡脯肉、猪肥膘肉斩成蓉，一起放入碗内，加入蛋清、清鸡汤、精盐、黄酒、水淀粉，搅匀成糊状。

②将蹄筋改刀成4厘米长的段，放沸水锅中焯水，捞出。炒锅上火，舀入清鸡汤，放入蹄筋，烧沸，移小火焖烂，取出沥去汤汁。

③炒锅上火，舀入清鸡汤，烧沸后，倒入鸡粥糊，用铁勺不断搅动至黏稠，加熟猪油，放入蹄筋，用手勺轻轻搅匀装盘，撒上火腿末，淋上鸡油即可。

制作要点：

①炒锅要干净光滑，鸡粥要徐徐倒入炒锅，稀稠要适度。

②宜现做现食。

成品特点：

蹄筋软糯完整，鸡粥洁白如玉。

任务6　粉蒸肉

图1.6　粉蒸肉

1）任务

学习制作粉蒸肉。

2）目标

了解粉蒸肉的用料规格和制作过程，掌握其制作要点。

3）用料规格

带皮猪肋肉125克，鲜豌豆70克，大米粉25克，姜米1克，葱1克，豆腐乳汁3克，酱油4克，料酒2克，精盐0.2克，味精0.5克，花椒、糖色适量，鲜汤50克，食用油15克。

4）制作方法

①将猪肋肉切成长10厘米、厚0.3厘米的片，葱汁、花椒合铡细成刀口花椒。豌豆淘洗干净。

②将肉片装入盆内，加酱油、料酒、姜米、豆腐乳汁、味精、糖色拌匀，再加入米

粉、鲜汤拌匀静放15分钟后装入蒸碗内摆成“一封书”。再将鲜豌豆放入拌肉的盆内，加盐、米粉、鲜汤少许拌匀，装入蒸碗内。

③将装好肉的蒸碗放入笼内置于旺火上，锅内添加沸水蒸至肉熟软（约1小时后），出笼翻扣入盘内成菜。

5）制作要点

①不宜选用加工得过细或过粗的米粉。垫底除鲜豌豆外还可以用土豆、红薯等。

②肉片拌味、拌粉后需静放入味后，才装入蒸碗内蒸制。掌握好米粉与鲜汤的使用量。

③用旺火、沸水长时间地蒸，要随时观察，添加笼锅内的水，避免烧干锅影响成菜风味。添加的水应是沸水。

6）成品特点

粉蒸肉色泽红亮，肉质软糯；米粉成熟疏散；豌豆清香，味道咸鲜略甜带辣。

7）任务评价

项目 \ 分数 指标	刀工	口感	色泽	口味	盘形	动作	速度	卫生	节约	合计
标准分（百分制）	15	20	20	20	5	5	5	5	5	100
扣分										
实得分										

8）能力拓展

虎皮扣肉

用料规格：

猪五花肉（带皮）750克，梅干菜100克，花生油500克，料酒15克，酱油10克，白糖4克，味精3克，精盐2克，糖色5克，花椒2克，鸡汤250克，水淀粉10克，葱、姜各10克。

制作方法：

①用温水将梅干菜略泡一下，洗净泥沙，挤干水分，用刀切去老根，改成寸段。葱切段，姜切片，准备好花椒，备用。

②用刀刮净猪五花肉皮上的残毛及脏物，洗净，下入开水锅煮至八成熟，捞出，擦干皮上水分，趁热均匀抹上糖色。锅置于火上，倒入花生油，烧至八成热，将肉（皮朝下）放入锅中，炸至肉皮起小泡呈红色时，捞出晾凉。

③取大扣碗一只，将炸好的肉用刀切成大片，在每片的中间直划一刀（不要把皮划断），皮朝下整齐地码在扣碗内。加料酒、酱油、白糖、精盐以及梅干菜和葱段、姜片，倒入鸡汤，上蒸屉蒸烂，取出，拣去葱、姜，将原汤滗入锅内，肉翻扣在盘内。原汤上火烧开，撇去浮沫，加味精调好口味，用水淀粉勾薄芡，均匀地浇在扣肉上面。

制作要点：

①皮上残毛及脏物一定要刮净。

②炸制的火候要把握好。

成品特点：

肉烂味浓，食而不腻。

任务7　扒烧牛筋

图1.7　扒烧牛筋

1）任务

学习制作扒烧牛筋。

2）目标

了解扒烧牛筋的用料规格和制作过程，掌握其制作要点。

3）用料规格

牛蹄筋250克，鲜香菇（切片）50克，冬笋（切片）75克，油菜心30克，金华火腿（片）75克，虾子30克，熟猪油30克，黄酒250克，盐3克，姜25克，大葱50克，淀粉（豌豆）15克，鸡汤适量。

4）制作方法

①用淘米水浸泡牛蹄筋，涨发起软时取出，用清水洗净。将牛蹄筋放入有竹垫的砂锅内，加姜片、葱段、黄酒，再加清水漫过牛筋，上中火将其烧沸。移微火上焖1小时，取下换水，再上微火焖1小时左右，如此反复3次，牛蹄筋焖至软糯时取出，切成长约4厘米、宽2厘米的段。每段牛蹄筋一剖两开，放入碗中，加入姜片、葱段、黄酒、鸡汤，上笼复蒸1次，再取出牛筋待用。

②炒锅置于中火上，放熟猪油、油菜心略煸后捞出。加入鸡汤、香菇片、笋片、火腿片、牛筋、虾子和盐烧沸后，再放熟猪油和油菜心于锅内烧沸。用水淀粉勾芡，将牛筋颠匀起锅入盘。

5）制作要点

①焖制牛蹄筋时火候要把握好。

②蒸制牛蹄筋时间要充分。

6）成品特点

色泽红亮，口味浓香。

7）任务评价

项目 \ 分数 \ 指标	刀工	口感	色泽	口味	盘形	动作	速度	卫生	节约	合计
标准分（百分制）	15	20	20	20	5	5	5	5	5	100
扣分										
实得分										

8）能力拓展

虾子牛蹄筋

用料规格：

干牛蹄筋200克，冬笋100克，熟金华火腿50克，油菜心12棵，熟猪油150克，料酒25克，白糖2.5克，精盐5克，味精3克，虾子10克，鸡汤500克，水淀粉15克，熟鸡油10克，姜、葱各25克。

制作方法：

①将干牛蹄筋用水浸泡2小时，涨发变软时捞出，用清水洗净，放入有竹垫的砂锅内。然后加入清水漫过蹄筋，置于大火上烧开，再移置小火上焖1小时，取下换水。砂锅再置于小火上继续焖，如此反复3次，蹄筋焖至软糯时，取出，用刀改成寸段，每段一分为二，放入碗内。加料酒、鸡汤，取一半葱、姜（均拍破）放在碗里，上蒸屉蒸10分钟，取出牛蹄筋备用。

②冬笋、熟火腿均切骨牌片，用开水烫一下。油菜心择洗干净后，一分为二。将剩下的一半葱、姜分别切成段和片，均拍松。将虾子放入碗内，用温水略泡片刻，漂净泥沙，备用。

③取锅置于火上，倒入熟猪油烧热，放入葱段、姜片略炸一下，倒入鸡汤，加料酒、白糖、精盐烧开，撇净浮沫，捞出葱、姜，下入牛蹄筋、冬笋片、火腿片和虾子，移到小火上焖约10分钟。牛蹄筋入味后，加味精再次调好口味，用水淀粉收浓芡汁，淋熟鸡油盛在圆盘中央。同时，另取锅置于火上，倒入熟猪油烧热，下入油菜心，加精盐煸透，围在盘边。

制作要点：

①牛蹄筋一定要浸泡至软。

②要把握好焖制火候。

成品特点：

软烂明亮，配料色彩鲜明。

任务8　炸猪排

图1.8　炸猪排

1）任务

学习制作炸猪排。

2）目标

了解炸猪排的用料规格和制作过程，掌握其制作要点。

3）用料规格

猪排500克，生姜10克，淀粉15克，食用油500克（实耗30克），酱油10克，料酒10克，精盐5克，白糖5克。

4）制作方法

①猪排洗净，用刀背将其拍松，姜洗净切末。
②将酱油、盐、姜、酒、糖、淀粉、水拌匀，放入猪排腌制入味。
③锅内放油，烧至七成热，将猪排炸至金黄色，捞起剁块即可。

5）制作要点

①浸渍猪排的时间要充分。
②正确掌握油温和炸制时间，以免猪排变老，影响口感。

6）成品特点

焦香诱人，滑嫩可口。

7）任务评价

项目 分数 指标	刀工	口感	色泽	口味	盘形	动作	速度	卫生	节约	合计
标准分（百分制）	15	20	20	20	5	5	5	5	5	100
扣分										
实得分										

8）能力拓展

酥炸仔排

用料规格：

猪肋排500克，鸡蛋（1个）液，面粉15克，小苏打15克，蒜汁10克，白糖10克，精盐3克，味精5克，南乳汁10克，花椒盐5克，色拉油1 500克。

制作方法：

①将猪肋排斩成6厘米长的段，洗净，沥干水分，加小苏打拌匀，腌1小时后在清水中漂30分钟，用毛巾吸干水分。

②将蒜汁、白糖、精盐、味精、南乳汁与排骨拌匀，放入冰箱保鲜腌制10小时。

③取出排骨，加入鸡蛋液和面粉拌匀。

④锅内放油烧至六成热，放入排骨炸制，转四成热油时温养炸至熟，捞起沥油。待油温升至七成热时，将排骨复炸至外表金黄、酥脆，捞起沥油，排放在盘中，带花椒盐蘸食。

制作要点：

①选用肉多的仔猪肋排骨作原料。

②掌握好小苏打的用量和浸泡时间，以达到肉嫩而无涩味。

③腌制排骨时要注意时间和温度，以防排骨变味。

④炸制排骨时，要掌握好油温，以保证菜肴的质量要求。

成品特点：

色泽金黄，外酥脆，肉鲜嫩，蒜香味浓。

任务9　熘筒头

1）任务

学习制作熘筒头。

图1.9　熘筒头

2）目标

了解熘筒头的用料规格和制作过程，掌握其制作要点。

3）用料规格

熟猪直肠200克，葱花5克，姜末5克，酱油15克，白糖60克，醋40克，黄酒20克，湿淀粉60克，大蒜泥5克，麻油40克，花生油1 000克（实耗100克）。

4）制作方法

①将熟猪直肠改刀成约0.3厘米的斜形小段。

②炒锅置于火上，倒入花生油，烧至八成热时离火。将直肠挂上湿淀粉，用筷子夹住直肠段逐个下油锅炸制后，移小火上焐透。与此同时，另用炒锅上火烧热，舀入花生油，

放入葱花、姜末、蒜泥煸香，加黄酒、清水（少许），放酱油、白糖，用湿淀粉勾芡成卤汁，离火待用。从油锅里捞出直肠段，放入八成热的油锅中复炸，捞出沥油。卤汁锅置于旺火上，倒入直肠段，淋入醋、麻油颠翻后装盘。

5）制作要点

①直肠挂糊要均匀，糊不宜太厚。

②油炸猪直肠时要炸透，使之香脆酥透，并注意不要炸枯，影响口感。

6）成品特点

色泽金黄，外香脆，里酥透，酸甜可口。

7）任务评价

项目 \ 分数 \ 指标	刀工	口感	色泽	口味	盘形	动作	速度	卫生	节约	合计
标准分（百分制）	15	20	20	20	5	5	5	5	5	100
扣分										
实得分										

8）能力拓展

熘松子牛卷

用料规格：

牛里脊肉150克，松子仁25克，虾仁50克，笋片25克，红椒丝10克，鸡蛋（1个）清，粳米粉75克，黄酒10克，精盐2克，酱油10克，醋50克，白糖50克，葱末5克，姜末5克，水淀粉50克，芝麻油25克，花生油750克。

制作方法：

①将松子仁切细，剁成末，虾仁剁成蓉，然后将它们一起放入碗中，加精盐、黄酒，搅匀成馅。将牛肉切成长、宽约3.3厘米的薄片20片，每片中间放入虾馅，卷成大小一致的牛肉卷。再将粳米粉放入碗内，加鸡蛋清和适量清水，调成蛋清糊。

②将锅置于火上，倒入花生油，油烧至五成热时，将牛肉卷逐个蘸满蛋清糊放入锅内，炸至淡黄色捞起，待油温回升至八成热，再放入牛肉卷，炸至金黄色捞出。

③在炸牛肉卷的同时，另取锅置于火上，舀入花生油，放入葱花、姜末略炸后，再放入笋片、红椒丝、酱油、白糖、醋和清水，烧沸后用水淀粉勾芡，接着倒入刚刚炸好的牛肉卷，翻炒几下，淋入芝麻油，起锅盛盘即可。

制作要点：

①包卷时接头处要紧，以免油炸时松散变形，影响美观。

②严格掌握油温。

③卤汁稀稠要适度，否则影响其风味。

成品特点：
色泽金黄，鲜香脆嫩，酸甜可口。

任务10 蟹粉蹄筋

1）任务

学习制作蟹粉蹄筋。

图1.10 蟹粉蹄筋

2）目标

了解蟹粉蹄筋的用料规格和制作过程，掌握其制作要点。

3）用料规格

猪蹄筋750克，蟹肉100克，葱段10克，姜块10克，黄酒50克，香菜10克，精盐4克，湿淀粉20克，胡椒粉1克，浓白汤750克，熟猪油100克。

4）制作方法

①将猪蹄筋切成5厘米长的段，放入沸水中焯水，将其捞出沥干水分。

②炒锅置于火上，舀入熟猪油烧热，放葱段、姜块炸出香味后捞出不用。倒入蟹肉煸炒，加入黄酒、精盐、浓白汤烧开，装盘待用。原锅上火，舀入浓白汤，倒入蹄筋，把蟹肉倒在一边，舀入熟猪油烧透。然后加精盐，用湿淀粉勾芡，起锅装盘，撒上胡椒粉，点缀香菜即可。

5）制作要点

①蟹肉煸透，去尽腥味。

②蹄筋要烧透入味。

6）成品特点

蹄筋滑韧，蟹粉鲜香，汤汁醇浓。

7）任务评价

项目 \ 分数 \ 指标	刀工	口感	色泽	口味	盘形	动作	速度	卫生	节约	合计
标准分（百分制）	15	20	20	20	5	5	5	5	5	100
扣分										
实得分										

8）能力拓展

红烧蹄筋

用料规格：

牛蹄筋250克，精盐4克，白糖5克，鸡精2克，酱油20克，料酒10克，高汤200克，淀粉3克，葱（切段）20克，色拉油50克。

制作方法：

①将牛蹄筋切成长5厘米、宽约1厘米的条，放入开水中烫一下捞出。

②炒锅置于火上，加油，放葱段煸炒出香味且葱略变为金黄色时加入牛蹄筋，迅速翻炒，使牛蹄筋均匀受热。

③加入酱油、料酒、精盐、鸡精、白糖、高汤，用大火烧开后改用小火烧10分钟，最后再用大火收汁淋油即可。

制作要点：

用开水烫蹄筋去除腥膻味，葱一定要煸出葱香味以便去腥增香。

成品特点：

咸香味浓，色泽金红，鲜香可口，嫩滑，入口即化，营养丰富。

任务11　火腿炖百叶

图1.11　火腿炖百叶

1）任务

学习制作火腿炖百叶。

2）目标

了解火腿炖百叶的用料规格和制作过程，掌握其制作要点。

3）用料规格

老百叶400克，金华火腿200克（或者其他火腿、腊肉、腊肠均可），蒜、姜丝、香葱、精盐、味精等适量。

4）制作方法

①老百叶切成约0.5厘米厚的片，火腿片切成和百叶薄片同样大小，待用。

②待锅烧热之后，倒入油，然后加入蒜和姜丝爆锅。再将老百叶和火腿倒入锅中，翻炒，翻炒之后在锅中加入水，用大火烧开，文火炖制。

③待炖至汤汁少时，放入精盐和味精，撒上葱花，收汁即可。

5）制作要点

①炒制百叶时，火候要把握好。

②炖制百叶的时间要控制好。

6）成品特点

红白分明，口味咸鲜。

7）任务评价

指标 分数 项目	刀工	口感	色泽	口味	盘形	动作	速度	卫生	节约	合计
标准分（百分制）	15	20	20	20	5	5	5	5	5	100
扣分										
实得分										

8）能力拓展

咸炖鲜

用料规格：

咸肉500克，小肘肉500克，慈姑250克，花生油500克，料酒15克，白糖3克，精盐5克，味精4克，葱、姜各10克，鸡汤适量。

制作方法：

①将咸肉放入温水盆中浸泡10分钟，用刷子刷净咸肉上的污渍和小肘肉皮上的残毛及脏物，洗净，小肘肉与咸肉同切成小块，放入开水锅内烫一次，捞出洗净，放在砂锅中。

②用刀削去慈姑的皮，切成滚刀块，葱切段，姜切片，均拍松备用。

③取锅置于火上，倒入花生油烧热，放入慈姑块炸透，倒在漏勺中控油。原锅留油少许，重新放在火上，投入葱段、姜片，炸出香味，加料酒、白糖、精盐，倒入鸡汤烧开。撇净浮沫，倒在盛肉的砂锅内，在大火上烧开，再移至小火上慢炖，待肉烂至七成时，下入慈姑块，直至炖烂。最后改用大火，加味精调味，挑出葱、姜，撇净浮油即可。

制作要点：

①咸肉和小肘肉一定要刷净污渍。

②炸制慈姑的火候要把握好。

成品特点：

汤鲜味浓，肉软烂。

任务12 炸仔盖

图1.12 炸仔盖

1）任务

学习制作炸仔盖。

2）目标

了解炸仔盖的用料规格和制作过程，掌握其制作要点。

3）用料规格

猪肉400克，鸡蛋100克，粳米粉150克，面粉50克，花椒盐1克，黄酒10克，酱油15克，味精1克，麻油10克，花生油1 000克。

4）制作方法

①将猪肉洗净放入汤锅内煮熟，捞起冷却。将煮熟并冷却的猪肉切成7厘米长、3厘米宽、1.5厘米厚的片，放入碗内，加黄酒、酱油、味精搅匀浸渍。鸡蛋磕入碗内搅匀，加粳米粉、面粉、水适量调成蛋糊待用。

②油锅置于火上，舀入花生油，烧至七成热时，将肉逐片挂糊，入锅炸至金黄色，捞起摘去糊须。将肉片再复炸一次后用漏勺捞起沥油，改刀装盘，淋入麻油，撒上花椒盐即可。

5）制作要点

①肉片要用黄酒、酱油、味精拌匀，使其入味。

②肉片挂糊后，要油炸两次，使其壳脆肉嫩。

6）成品特点

色泽金黄，外壳酥脆，猪肉鲜嫩，油而不腻。

7）任务评价

指标 / 分数 / 项目	刀工	口感	色泽	口味	盘形	动作	速度	卫生	节约	合计
标准分（百分制）	15	20	20	20	5	5	5	5	5	100
扣分										
实得分										

8）能力拓展

椒盐里脊

用料规格：

净猪里脊肉150克，鸡蛋1个，粳米粉80克，面粉50克，精盐1克，味精1克，黄酒10克，葱姜汁10克，胡椒粉1克，嫩肉粉0.5克，花椒盐2克，芝麻油10克，色拉油1 000克。

制作方法：

①先将净猪里脊肉片成厚约0.5厘米的大片，用刀背排剁，再切成4厘米长、1.5厘米宽的长条片，加精盐、味精、黄酒、葱姜汁、胡椒粉、嫩肉粉腌制入味。

②将鸡蛋液、粳米粉、面粉和适量水调成全蛋糊待用。

③锅内放色拉油烧至六成热时，将猪里脊肉片均匀地裹上全蛋糊放入油中炸制，使糊结壳成淡黄色时捞出，待油温升至七成热时，将肉片复炸至金黄色捞起沥油。

④将猪里脊肉片放入锅中，淋入芝麻油，撒上花椒盐炒匀即可出锅装盘。

制作要点：

①猪里脊肉改刀要大小一致，腌制要入味。

②全蛋糊的浓度不宜太浓，稀稠适中。

③炸制猪里脊肉片时要控制好油温，掌握好菜品的色泽和成熟度。

成品特点：

色泽金黄，外香脆，里鲜嫩。

任务13　卷筒肉

1）任务

学习制作卷筒肉。

图1.13　卷筒肉

2）目标

了解卷筒肉的用料规格和制作过程，掌握其制作要点。

3）用料规格

去皮猪肉200克，猪网油100克，鸡蛋50克，粳米粉150克，湿淀粉25克，葱10克，花椒2克，花椒盐2克，精盐1克，黄酒10克，味精1克，麻油30克，花生油500克。

4）制作方法

①将葱和花椒切成细末，加精盐制成葱椒盐。猪肉剁成细蓉，与花椒盐一同放入碗内，加精盐、黄酒、味精、湿淀粉、麻油和少量的水搅拌成馅。鸡蛋磕入碗内，加入粳米粉和湿淀粉搅成蛋糊待用。

②将猪网油洗净，切成约15厘米的块，在每块网油的一端，将肉馅摊成1.5厘米粗的馅

条，在没有摊肉的猪网油上抹上少许鸡蛋糊，然后卷成直径4.5厘米、长20厘米的卷，上笼蒸10分钟左右取出晾凉，再把每卷从中间切成两段，成卷筒肉生坯。

③炒锅置于火上，舀入花生油烧至六成热，将卷筒肉生坯挂上一层鸡蛋糊，逐段放入锅中炸约1分钟，呈金黄色时捞出。待油温八成热时，放入卷筒肉炸透，用漏勺捞出沥油。将卷筒肉切成段，排列在盘中，撒上花椒盐即可。

5）制作要点

①卷筒肉要粗细均匀，炸制时油温要掌握适当。

②猪网油在初加工时要洗净，浸渍去异味，晾干水分。

6）成品特点

色泽金黄，外脆里嫩，鲜香适口，肥而不腻。

7）任务评价

项目 分数 指标	刀工	口感	色泽	口味	盘形	动作	速度	卫生	节约	合计
标准分（百分制）	15	20	20	20	5	5	5	5	5	100
扣分										
实得分										

8）能力拓展

炸芝麻里脊

用料规格：

猪里脊肉250克，芝麻150克，香菜50克，鸡蛋2个，花生油500克，料酒10克，精盐3克，味精3克，胡椒粉0.5克，椒盐2.5克，水淀粉10克，葱、姜各10克。

制作方法：

①将猪里脊肉剔去筋皮，切成4条，每条从中间破开，再用刀拍松，剞上花刀，放在碗内。用料酒、精盐、味精、胡椒粉和葱、姜（均拍松）腌制半小时。

②先将鸡蛋打破，倒入碗内，用筷子搅匀，加水淀粉调好蛋糊，倒在放里脊肉的碗内拌匀，再将香菜择洗干净，消毒备用。

③取锅置于火上，倒入花生油烧至七成热，将腌制好的里脊肉两面均匀地蘸上芝麻，按实，逐条放入油锅中用筷子不停地翻炸。待里脊肉呈淡黄色时捞出，用刀改成小条，码在盘中，撒上椒盐，用香菜围边即成。

制作要点：

①猪里脊要腌制入味。

②炸制火候要把握好。

成品特点：
色泽金黄，外松里嫩，味道鲜香。

任务14　香炸肉排

1）任务

学习制作香炸肉排。

图1.14　香炸肉排

2）目标

了解香炸肉排的用料规格和制作过程，掌握其制作要点。

3）用料规格

猪里脊肉300克，鸡蛋50克，面粉50克，面包渣150克，料酒5克，葱汁8克，姜汁7克，花椒2克，精盐3克，味精2克，五香粉1克，胡椒粉1克，猪油（炼制）100克。

4）制作方法

①将里脊肉片成0.8厘米厚的菱形片，在两面轻轻剞上花刀。放容器内用料酒、葱姜汁、花椒水、精盐、味精、五香粉、胡椒粉腌制入味。将鸡蛋打散。

②将面粉、面包渣分别放在平盘内。将入味的肉片蘸匀干面粉，拖匀蛋液，再拍匀面包渣，按实。

③将猪肉片下入五成热的油锅中炸至金黄色时捞出，改刀成条，整齐摆入盘内即成。

5）制作要点

①肉片厚度要适宜。

②炸制肉片时，火候要把握好。

6）成品特点

色泽金黄，外焦里嫩。

7）任务评价

项目＼分数＼指标	刀工	口感	色泽	口味	盘形	动作	速度	卫生	节约	合计
标准分（百分制）	15	20	20	20	5	5	5	5	5	100
扣分										
实得分										

8）能力拓展

响铃球

用料规格：

猪板油250克，核桃仁75克，鸡蛋（3个）清，淀粉50克，红绿丝5克，白糖100克，熟猪油750克。

制作方法：

①将猪板油洗净，沥干，去除膜皮，剁成蓉状，加入白糖，分成20份。

②将锅置于大火上，舀入熟猪油，烧至六成热时，放入核桃仁，炸至酥脆时取出。将核桃仁去掉外皮，包入猪板油中，搓成圆形，裹上干淀粉。

③将鸡蛋清放入碗中，稍搅打成泡沫状，放入淀粉，调成厚糊待用。

④将油锅移到小火上，油锅烧至四成热时，把做好的猪板油球，逐个放入打好的糊液内，裹匀后放入油锅中炸至起壳发亮，用牙签在两端穿一个小孔，让壳内油排出，炸至摇动时可发出响声，即出锅装盘，撒上白糖和红绿丝即成。

制作要点：

①裹糊要均匀，否则影响摇动有声的效果。

②严格掌握油温，不可将猪板油球炸至焦枯。

成品特点：

色泽洁白、光滑，宛如响铃，酥香松脆，别有风味。

任务15 炸丸子

图1.15 炸丸子

1）任务

学习制作炸丸子。

2）目标

了解炸丸子的用料规格和制作过程，掌握其制作要点。

3）用料规格

肥瘦猪肉末250克，黄酱少许，酱油1克，葱末、姜末各2克，鸡蛋1个，水淀粉100克，精盐2克，料酒10克，清油500克（实耗约50克），花椒适量。

4）制作方法

①在猪肉末中加入葱末、姜末、料酒、鸡蛋液、精盐、酱油、黄酱、水淀粉顺时针搅拌均匀。

②花椒稍炒擀末，制成椒盐。

③锅放油烧至六成热，将肉馅挤成均匀的丸子，入锅炸至金黄色捞出。

④用勺将丸子拍松，再入锅炸，反复炸几次，至焦脆捞出装盘。上桌时，随带椒盐味碟供蘸食。

5）制作要点

①肉泥搅拌一定要上劲。

②炸制丸子时，火候要把握好。

6）成品特点

外焦里嫩，干香适口。

7）任务评价

项目 \ 分数 \ 指标	刀工	口感	色泽	口味	盘形	动作	速度	卫生	节约	合计
标准分（百分制）	15	20	20	20	5	5	5	5	5	100
扣分										
实得分										

8）能力拓展

酥橘圆

用料规格：

猪肥膘肉250克，面粉50克，鸡蛋（6个）黄，白糖200克，红绿丝5克，桂花卤2克，金橘饼5克，熟猪油750克。

制作方法：

①将金橘饼、猪肥膘肉切成细末，放入碗内，打入蛋黄，加入面粉和适量清水，搅拌均匀，待用。

②将锅置于火上，舀入熟猪油，烧至六成热时，将肥膘肉末挤成核桃大小的丸子，下油锅内炸至起壳时，将锅离火，焐至熟透，再上火，丸子炸至金黄色时倒入漏勺，沥干油。

③将锅置于火上，放入适量清水，加入白糖、桂花卤，熬至白糖溶解、卤汁翻泡，离火，速将炸好的丸子倒入锅中。并用竹筷在锅内轻轻翻拌丸子，至糖液与橘丸裹匀，待冷却后结成白霜，装入盘内，撒上红绿丝即可。

制作要点：

①丸子形状、大小一致。

②严格控制油温。

③裹糖液要均匀。

成品特点：
色白如霜，酥甜可口，肥而不腻。

任务16　糖醋里脊

图1.16　糖醋里脊

1）任务

学习制作糖醋里脊。

2）目标

了解糖醋里脊的用料规格和制作过程，掌握其制作要点。

3）用料规格

猪里脊肉400克，精盐4克，酱油10克，醋50克，白糖200克，葱5克，姜5克，大蒜10克，鸡蛋150克，淀粉80克，小麦面粉20克，味精2克，花生油150克，牛肉汤适量。

4）制作方法

①将猪里脊肉剔去筋膜，切成2厘米×3厘米的片，放入碗中，用精盐、味精码味。葱、姜切末，大蒜拍散，切小丁。鸡蛋打入碗中，调打均匀，放入面粉、湿淀粉，调为全蛋糊。用大碗将白糖、精盐、酱油、醋、牛肉汤、湿淀粉调兑均匀。

②炒锅置于旺火上，热锅中倒入花生油，烧至六成热时，将猪里脊肉在全蛋糊中挂匀后，逐片下油锅中炸至金黄色时捞出滤干油。

③热锅内留油，放入葱、姜、蒜，煸炒出香味后，将大碗中汁水倒入，至锅中沸涨，起小花时用手勺推动，随后放入炸制好的里脊肉，翻颠炒锅，淋入明油，即时装盘，上桌。

5）制作要点

①焦熘菜肴，主料可用全蛋糊，也可用水粉糊，视主料、地区不同而定，但要保持其外焦里嫩。

②汁水调好，入锅前要再调匀，加热后要即时食用。

③焦熘菜的味型可咸鲜、酸辣等。

6）成品特点

以甜酸为主，质地外脆里嫩。

7）任务评价

项目＼分数＼指标	刀工	口感	色泽	口味	盘形	动作	速度	卫生	节约	合计
标准分（百分制）	15	20	20	20	5	5	5	5	5	100
扣分										
实得分										

8）能力拓展

姜芽里脊片

用料规格：

猪里脊肉250克，姜芽100克，鸡蛋（1个）清，熟猪油500克，精盐4克，料酒10克，白糖1克，味精2克，鸡汤50克，芝麻油5克，水淀粉15克，葱10克。

制作方法：

①将猪里脊肉剔去筋皮，切成5厘米长、3厘米宽的薄片（越薄越好，但大小、厚薄要均匀），放入碗内。用鸡蛋清、精盐、水淀粉抓匀浆好，然后放入芝麻油拌匀。

②姜芽刮去外皮、洗净，切成薄片，葱切成细末。另取小调料碗1个，内放料酒、精盐、白糖、味精、鸡汤、水淀粉调匀，兑成芡汁，备用。

③取锅置于火上，倒入熟猪油烧热，倒入浆好的里脊片，拨散滑透倒在漏勺中控油。原锅留油少许重新上火烧热，放入葱末烹锅，随即下入姜芽片，煸炒片刻，倒入里脊片略炒几下，烹入兑好的芡汁，翻炒均匀，装入盘中。

制作要点：

①猪肉切片要大小、厚薄均匀一致。

②芡汁调制稀稠度要控制好。

成品特点：

里脊嫩滑，姜芽香脆。

任务17　麻花腰子

1）任务

学习制作麻花腰子。

2）目标

了解麻花腰子的用料规格和制作过程，掌握其制作要点。

图1.17　麻花腰子

3）用料规格

猪腰600克，猪肥膘肉100克，笋片50克，韭黄段25克，鸡蛋清100克，白糖15克，酱油20克，醋5克，麻油50克，干淀粉15克，湿淀粉10克，黄酒30克，熟猪油250克。

4）制作方法

①将猪腰去皮膜洗净，用刀一批两半，去掉腰臊，对切成4片，再批成长5厘米、宽2.5厘米的长方片。将猪肥膘肉也批成同样大小的长方片。将鸡蛋清、干淀粉调制成蛋清浆。

②将腰片铺在案板上，抹上蛋清浆，分别盖上肥膘肉片，用刀尖在正中间划上长口。将腰肉片合起，从长口穿过去，稍拉一下，再用蛋清浆浆起，逐一放入装有麻油的盘内，即成麻花腰子生坯。

③炒锅置于火上烧热，舀入熟猪油，烧至四成热时，放入麻花腰子滑油，至变色时，倒入漏勺沥油。炒锅再置于火上，舀入熟猪油，放入笋片略炒，加黄酒、酱油、白糖，用湿淀粉勾芡，再放入韭黄段、麻花腰子翻炒几下，淋上麻油、醋，颠勺起锅，装盘即可。

5）制作要点

①腰片和肥膘肉片要大小、厚薄一致，开口大小要一样。

②翻转麻花腰子生坯时要细心，翻转后两头拉一下以定型。

③滑油时掌握好油温，轻轻晃动炒锅，防止脱浆、腰肉分离。

6）成品特点

形似麻花，细嫩鲜香，咸甜可口。

7）任务评价

项目 \ 分数 指标	刀工	口感	色泽	口味	盘形	动作	速度	卫生	节约	合计
标准分（百分制）	15	20	20	20	5	5	5	5	5	100
扣分										
实得分										

8）能力拓展

排酥腰

用料规格：

猪腰3只，熟火腿100克，萝卜200克，葱结、姜片各6克，黄酒10克，精盐2克，味精2克，猪油30克，水淀粉10克，清汤100克。

制作方法：

①先剥去猪腰外面白衣，然后将猪腰开一半（不要批成两半，一面仍要相连），放入

冷水锅里煮开，撇去血沫捞出。再将猪腰放入锅里，加水在小火上炖1小时左右取出。然后将腰子批成两半，批去腰臊后，顺长将猪腰批成斜片，每半只批4～5片。

②取大碗1只，将腰片整齐地排在碗底。然后将熟火腿批成厚片，整齐地排在腰片的一边。再将萝卜削成桂圆大小的圆球，放入水锅里氽至六成熟左右，捞出圆球用冷水洗净，放入腰片的另一边，加葱结、姜片、清汤、精盐和黄酒，上笼蒸45分钟左右取出。将汤汁滗入锅里，将猪腰复扣在盆里。锅里汤汁加猪油、味精烧沸，用水淀粉勾薄芡，浇在猪腰上即成。

制作要点：

①猪腰焯水时，要熟透，否则腥臊味很重，影响口感。

②腰臊要除尽。

③勾芡要适量，以薄为好。

成品特点：

排形整齐，色泽洁白、鲜红、米黄相衬，酥香鲜嫩。

任务18　炒里脊丝

1）任务

学习制作炒里脊丝。

2）目标

了解炒里脊丝的用料规格和制作过程，掌握其制作要点。

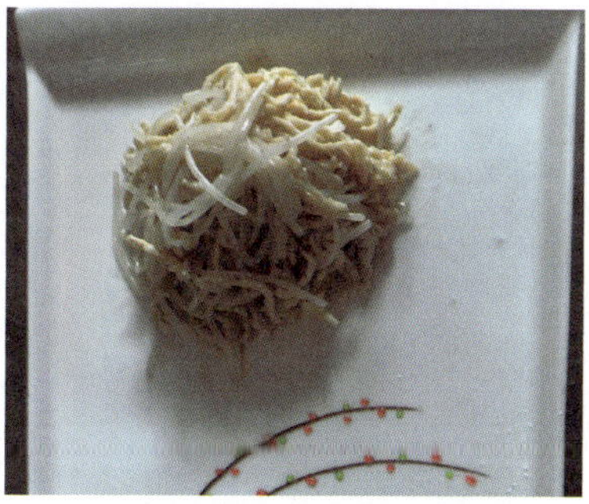

图1.18　炒里脊丝

3）用料规格

猪里脊肉200克，绿豆芽100克，精盐3克，葱15克，黄酒15克，味精2克，湿淀粉13克，香油5克，鸡蛋清25克，色拉油30克，白汤适量。

4）制作方法

①将猪里脊肉批成大片，再切成粗细均匀的丝，然后将切好的里脊肉丝放入清水中漂洗，沥干水，置于碗内。在肉丝中调入精盐、鸡蛋清抓渍一下，拌上湿淀粉上浆。

②将绿豆芽洗净，摘成丝待用。

③将炒锅置于旺火上，下色拉油烧至三成热。将里脊肉丝倒入锅中，用筷子滑散。快起锅时，加入绿豆芽，然后倒入漏勺，沥去油。

④原锅留油，复置于火上，投入葱、里脊肉丝和绿豆芽，加入100毫升白汤、精盐、味精、黄酒略炒，用湿淀粉勾芡，淋上香油，颠锅翻匀，装盘即成。

5）制作要点

①猪里脊肉一定要顺着肌肉纹路切，肉丝要切得细长、均匀。

②在抓捏上浆时，要均匀有力，否则容易脱浆，影响里脊丝的嫩度。

③肉丝滑油时，要掌握好油温，保持肉丝鲜嫩。

6）成品特点

色泽美观，鲜嫩爽滑。

7）任务评价

项目 分数 指标	刀工	口感	色泽	口味	盘形	动作	速度	卫生	节约	合计
标准分（百分制）	15	20	20	20	5	5	5	5	5	100
扣分										
实得分										

8）能力拓展

梅花里脊

用料规格：

猪里脊肉200克，干银耳40克，豌豆苗250克，鸡蛋（1个）清，熟猪油400克，香油10克，料酒10克，精盐5克，白糖2克，味精2克，鸡汤20克，葱、姜各5克，水淀粉15克。

制作方法：

①将干银耳放入温水中浸泡发软，用剪刀剪下发黄的根部，均匀地掰成小瓣，洗净。将葱、姜分别切成细末。豌豆苗择去老根留嫩尖，洗净备用。

②将猪里脊肉切成薄片，放入碗内，加鸡蛋清、精盐、水淀粉抓匀浆好，再拌入香油。取小调料碗1个，内放料酒、白糖、精盐、味精、鸡汤、水淀粉，兑好汁。

③取锅置于火上，倒入熟猪油烧热，放入已上好浆的里脊片，拨散滑透，倒在漏勺中控油。原锅留底油少许，重新上火烧热，投入葱末、姜末炸出香味，倒入里脊片、银耳，及时烹入兑好的汁，翻炒均匀，出锅装入盘中。

④另取锅置于火上，倒入熟猪油烧热，放入豌豆苗，加精盐煸炒至熟，围在盘边。

制作要点：

①浸泡银耳要充分。

②肉片滑油时，要掌握好油温，保持肉片鲜嫩。

成品特点：

里脊滑嫩，清淡适口，银耳形似梅花。

任务19 炒腰花

图1.19 炒腰花

1）任务

学习制作炒腰花。

2）目标

了解炒腰花的用料规格和制作过程，掌握其制作要点。

3）用料规格

猪腰400克，木耳10克，冬笋片25克，精盐2克，酱油10克，葱5克，姜汁5克，料酒8克，味精3克，蒜片5克，色拉油500克（油75克），淀粉20克，清汤适量。

4）制作方法

①将猪腰从中间片开，去腰臊，剞麦穗花刀，再切成块放入碗内，用料酒、精盐、淀粉上浆。

②将木耳洗净，冬笋切成略小于腰花的片。

③碗中放入清汤、酱油、料酒、姜汁、味精、蒜片、淀粉兑成芡汁。

④将木耳、冬笋片分别用开水焯后控水。

⑤炒锅置于火上，放油烧至六七成热时，投入浆好的腰花，稍滑迅速控油，勺留底油，下入葱花，煸香，下腰花、木耳、冬笋片，倒芡汁旺火急炒，淋明油出锅即可。

5）制作要点

①宜选用肉质弹性较好的新鲜猪腰。

②腰子剞花刀时，深度一致，一般多采用麦穗花刀、荔枝花刀。

③腰花滑油时要掌握好老嫩程度，变色断生即可。

6）成品特点

形似麦穗，色泽红润油亮，脆嫩爽口。

7）任务评价

项目 \ 分数 指标	刀工	口感	色泽	口味	盘形	动作	速度	卫生	节约	合计
标准分（百分制）	15	20	20	20	5	5	5	5	5	100
扣分										
实得分										

8）能力拓展

干贝烩酥腰

用料规格：

干贝50克，猪腰4只，熟笋片50克，姜块10克，葱结10克，黄酒25克，精盐3克，清鸡汤130克，水淀粉6克，熟猪油30克。

制作方法：

①干贝洗净，用沸水浸泡后去老肉放入碗内，再用清水浸泡（水漫过干贝），上笼蒸烂取出待用。猪腰撕去膜洗净，在腰子的两面顺长剞刀，入沸水锅中焯水，然后洗净。另用砂锅1只，锅内放入清水、猪腰、葱结、姜块、黄酒，烧沸移小火上煨约1小时至酥熟，取出稍晾。用刀将猪腰切成约0.7厘米厚的圆片，放入干贝碗内，加清鸡汤、精盐，上笼蒸约半小时取出。

②炒锅置于火上，倒入碗内的干贝、猪腰，加笋片、熟猪油、黄酒烧透，用水淀粉勾芡，淋上熟猪油，起锅即成。

制作要点：

①猪腰入沸水锅焯水前，要在其两面顺长剞刀，以便排出臊味和血污。

②勾芡稀稠要适度，否则影响菜肴的风味。

成品特点：

干贝味鲜，腰子酥烂，本色本味。

任务20　炒精片

图1.20　炒精片

1）任务

学习制作炒精片。

2）目标

了解炒精片的用料规格和制作过程，掌握其制作要点。

3）用料规格

猪里脊肉250克，笋片50克，韭黄25克，鸡蛋（1个）清，酱油15克，精盐3克，白糖5克，黄酒15克，味精3克，麻油10克，干淀粉10克，湿淀粉15克，色拉油500克（实耗100克）。

4）制作方法

①将猪里脊肉片成柳叶片（精片），放入碗内，加精盐、味精、鸡蛋清、干淀粉拌匀

上浆。韭黄切段待用。

②炒锅置于火上烧热，舀入色拉油，烧至四成热时，放入猪里脊肉片，用手勺拨散滑油，至肉片变色断生，倒入漏勺沥油。原锅复置于火上，舀入少许色拉油，放入笋片煸炒。再放黄酒、酱油、白糖、韭黄段、味精，用湿淀粉勾芡，倒入肉片颠翻几下，淋麻油后出锅装盘即可。

5）制作要点

①片精片时要顺丝片，要求厚薄均匀、大小一致、形如柳叶。精片上浆要上劲。

②精片滑油时，变色后即可捞出沥油，保持鲜嫩。

6）成品特点

形如柳叶，鲜嫩爽口。

7）任务评价

项目 分数 指标	刀工	口感	色泽	口味	盘形	动作	速度	卫生	节约	合计
标准分（百分制）	15	20	20	20	5	5	5	5	5	100
扣分										
实得分										

8）能力拓展

枸杞头炒肉丝

用料规格：

净猪腿肉250克，枸杞头50克，熟春笋丝100克，黄酒15克，酱油10克，精盐1克，白糖15克，味精0.5克，肉汤25克，色拉油60克。

制作方法：

①将净猪腿肉剔筋后切成约0.2厘米粗的丝。枸杞头用清水洗净，沥干。

②将炒锅置于旺火上烧热，用油滑锅后，倒入色拉油，烧沸时，放入猪肉丝快速炒散，煸至肉丝紧缩发白时，放入春笋丝、枸杞头，炒至枸杞头油润时放入黄酒、酱油、精盐、白糖和肉汤，继续炒到枸杞头柔软后，加入味精，淋入色拉油，翻炒均匀，即可出锅。

制作要点：

①肉丝要切得粗细均匀。

②枸杞头要选用新鲜的嫩芽。

成品特点：

甘香鲜嫩，肉丝均匀爽口。

任务21　炒猪肝

图1.21　炒猪肝

1）任务

学习制作炒猪肝。

2）目标

了解炒猪肝的用料规格和制作过程，掌握其制作要点。

3）用料规格

猪肝500克，葱50克，熟茭白片100克，酱油10克，白糖5克，醋10克，绍酒5克，精盐3克，味精3克，香油50克，水淀粉20克，色拉油、干面粉适量。

4）制作方法

①在猪肝上撒些干面粉，揉搓后洗净，剔去白筋，再用温水洗净。将猪肝切成片，用水淀粉、精盐浆起待用。葱切成斜片待用。

②炒锅置于火上，放入色拉油烧至六成热时，放入猪肝，用勺拨散，待其变色时倒进漏勺沥油。

③原锅内留少许油复置于火上，放入葱片、熟茭白片煸炒，加绍酒、酱油、味精、白糖，水淀粉勾芡，放入猪肝，淋上香油、醋，炒匀装盘即可。

5）制作要点

①切猪肝时，要求清爽利落，厚薄一致。

②猪肝滑油断红断生即可，过度则质老，不足则内部不熟，血水容易外溢。

6）成品特点

鲜嫩，味香汁紧。

7）任务评价

项目＼分数＼指标	刀工	口感	色泽	口味	盘形	动作	速度	卫生	节约	合计
标准分（百分制）	15	20	20	20	5	5	5	5	5	100
扣分										
实得分										

8）能力拓展

粉皮炒猪肝

用料规格：

粉皮200克，猪肝150克，青椒、红椒各25克，葱白段15克，干淀粉10克，酱油10克，白糖5克，精盐2克，味精1克，水淀粉10克，醋5克，芝麻油10克，色拉油500克。

制作方法：

①将粉皮改刀成菱形片。将猪肝切成片。将青椒、红椒切成菱形块。将葱白段切成雀舌状。猪肝用精盐、干淀粉浆起待用。

②将炒锅置于火上，放入清水烧沸，投入粉皮焯水后取出。将炒锅复置于火上，舀入色拉油烧至四成热时，将猪肝倒入滑油至变色断生，捞出沥油。

③锅内留少许油，将青椒、红椒和葱白段倒入略煸后加酱油、白糖、味精，用水淀粉勾芡，倒入粉皮、猪肝翻炒，起锅时淋醋和芝麻油即成。

制作要点：

①粉皮要焯透，以去除豆腥味。

②猪肝片厚薄一致，滑油时要恰到好处，变色断生即可。

③炒制粉皮猪肝要掌握好口味，不宜太甜，起锅时沿锅边淋醋。

成品特点：

猪肝鲜嫩，明油亮滑，粉皮软糯爽滑。

任务22　炒肥肠

1）任务

学习制作炒肥肠。

2）目标

了解炒肥肠的用料规格和制作过程，掌握其制作要点。

图1.22　炒肥肠

3）用料规格

猪大肠（熟）200克，青椒25克，大白菜50克，大葱（切片）15克，熟猪油75克，黄酒15克，酱油30克，白糖25克，麻油15克，醋15克，味精1克，水淀粉10克。

4）制作方法

①将猪大肠切成斜形小段，青椒去蒂籽，大白菜去叶，分别洗净切成菱形小片待用。

②将炒锅置于火上烧热，舀入熟猪油，放入猪大肠、葱片煸炒。再放入青椒、大白菜

片同炒。加黄酒、酱油、白糖、味精烧沸，用水淀粉勾芡，淋上麻油、醋，颠锅装盘即成。

5）制作要点

①猪大肠初加工时要洗净，煨制要酥烂。
②淋醋去腥解腻增香。

6）成品特点

肥嫩，味浓汁紧。

7）任务评价

项目 \ 分数 指标	刀工	口感	色泽	口味	盘形	动作	速度	卫生	节约	合计
标准分（百分制）	15	20	20	20	5	5	5	5	5	100
扣分										
实得分										

8）能力拓展

金银猪肝

用料规格：

猪肝600克，猪肥膘肉100克，黄酒50克，酱油50克，白糖25克，味精2克，精盐3克，虾子2克，桂皮5克，八角5克，姜6克，葱结8克，芝麻油30克。

制作方法：

①将猪肝洗净放碗内，加酱油、黄酒、姜、葱结腌制2小时至入味。再将猪肝平放在砧板上，用尖刀从猪肝厚处，平刺进去，刀尖在猪肝里向左右方向稍拉，将筋络割断成口袋形。然后将猪肥膘肉切成两长条，一头切尖，放碗内，加姜、葱结、黄酒、精盐腌制2小时入味，再放入沸水锅内略烫捞起晾凉。将长条分别从猪肝开口处插入猪肝内，用牙签封口成金银猪肝生坯。将金银猪肝生坯入沸水锅焯水，洗净待用。

②用砂锅1只，垫上竹垫，放入金银猪肝生坯，加清水淹没，放酱油、黄酒、白糖、虾子、桂皮、八角、姜、葱结，置于大火上烧开。再撇去浮沫，盖上压盘，移小火焖至酥透，倒入炒锅内，上大火收稠卤汁，加味精出锅。待金银猪肝冷却后，切成0.7厘米厚的大片装盘，淋上芝麻油即可。

制作要点：

①猪肝开口时切忌碰破外膜。

②猪肝用酱油，猪肥膘肉用精盐浸渍入咸味，各保其色。

成品特点：

酥香入味，红白相间，油润爽口。

任务23　炒肉丝

1）任务

学习制作炒肉丝。

图1.23　炒肉丝

2）目标

了解炒肉丝的用料规格和制作过程，掌握其制作要点。

3）用料规格

猪肉200克，韭芽60克，笋丝60克，黄酒10克，酱油25克，白糖15克，味精1克，湿淀粉10克，熟猪油70克。

4）制作方法

①将猪肉洗净，先平刀将其批成1.5厘米厚的大片，再切成5厘米长、0.5厘米宽的丝。将韭芽择洗干净，切成3厘米长的段待用。

②炒锅置于火上烧热，舀入熟猪油，放入肉丝略炒。加黄酒，再放入笋丝煸炒，然后放酱油、白糖、味精、韭芽煸熟。用湿淀粉勾芡，淋上熟猪油，起锅装盘即可。

5）制作要点

①肉丝要切得粗细均匀，长短一致。

②炒菜时要做到旺火热锅热油，使卤汁包裹在原料上。

6）成品特点

粗细均匀，滋味紧裹，咸甜适中。

7）任务评价

指标 分数 项目	刀工	口感	色泽	口味	盘形	动作	速度	卫生	节约	合计
标准分（百分制）	15	20	20	20	5	5	5	5	5	100
扣分										
实得分										

8）能力拓展

冬笋里脊丝

用料规格：

猪里脊肉200克，罐头冬笋150克，鸡蛋（1个）清，熟猪油400克，料酒10克，白糖5克，精盐2.5克，味精2克，芝麻油5克，鸡汤25克，水淀粉10克，葱、姜各10克。

制作方法：

①将猪里脊肉剔去筋皮，切成长约3厘米的细丝，放在碗内，用鸡蛋清、精盐、水淀粉抓匀浆好，然后加入芝麻油拌匀。

②将罐头冬笋切成3厘米长的细丝，放入开水中烫一下，捞出沥干水分。葱、姜分别切成细末。取小碗1个，内放料酒、白糖、精盐、味精、鸡汤调匀，兑成芡汁备用。

③取锅置于火上，倒入熟猪油烧热，放入浆好的里脊肉丝，拨散滑透，倒在漏勺中控油。原锅留少许底油，重新置于火上烧热，投入葱末、姜末，炸出香味，倒入冬笋丝煸炒片刻，放入里脊肉丝，随即烹入兑好的汁，翻炒均匀盛在盘内即可。

制作要点：

①肉丝要切得粗细均匀，长短一致。

②炒肉丝时，要旺火热锅热油，使卤汁包裹在原料上。

成品特点：

里脊丝白净、鲜嫩，冬笋脆，口味清淡，油而不腻。

任务24　韭菜薹炒肉丝

图1.24　韭菜薹炒肉丝

1）任务

学习制作韭菜薹炒肉丝。

2）目标

了解韭菜薹炒肉丝的用料规格和制作过程，掌握其制作要点。

3）用料规格

猪肉200克，韭菜薹100克，精盐6克，酱油10克，白糖5克，食用油50克。

4）制作方法

①猪肉洗净，切成细丝。

②将韭菜薹择洗干净，沥去水，切成小段。

③锅置于炉火上，放入食用油烧热，放入肉丝，炒至肉变色，放酱油继续炒至肉丝上

色盛起。

④原锅放油置于火上烧热，下韭菜薹，加精盐、白糖，迅速翻炒几下，倒入肉丝合炒均匀即成。

5）制作要点

①猪肉丝须切得大小一致。
②炒制肉丝时火候要把握好。

6）成品特点

肉丝鲜嫩，韭菜薹脆嫩。

7）任务评价

项目 \ 分数 指标	刀工	口感	色泽	口味	盘形	动作	速度	卫生	节约	合计
标准分（百分制）	15	20	20	20	5	5	5	5	5	100
扣分										
实得分										

8）能力拓展

姜丝肉

用料规格：

猪里脊肉150克，嫩仔姜50克，色拉油500克，青红椒50克，鸡蛋（1个）清，黄酒10克，酱油10克，精盐2克，白糖8克，味精2克，干淀粉5克，水淀粉8克，熟猪油50克，清鸡汤30克。

制作方法：

①将猪里脊肉洗干净，切成细丝，加黄酒、精盐，再加鸡蛋清和干淀粉拌和上浆。将嫩仔姜、青红椒洗干净，分别切成细丝。

②炒锅先烧热，用油滑锅后，将色拉油放入锅内，烧至四成热时放入肉丝，用手勺滑散滑熟，倒入漏勺里沥油。锅里留少许油，放入嫩仔姜丝和青红椒丝煸炒，加入黄酒、精盐、酱油、白糖、味精和清鸡汤少许，放入滑熟的肉丝，用水淀粉勾芡推匀，放熟猪油出锅装盘即成。

制作要点：

①肉丝须切得粗细匀称，长短一致，整齐美观。
②浆应上劲。
③肉丝滑油时，应注意滑散、滑熟。

成品特点：

淡酱色，滑嫩爽口，姜香味鲜美。

任务25 烧什锦

图1.25 烧什锦

1）任务

学习制作烧什锦。

2）目标

了解烧什锦的用料规格和制作过程，掌握其制作要点。

3）用料规格

猪心、猪舌、猪肚、鱿鱼、肉丸、酥肉、鸡脚、鸡脖子、虾米、茶树菇、午餐肉、玉兰片、青笋、胡萝卜、鱿鱼各100克，酱油15克，白糖5克，湿淀粉10克，植物油50克，麻油10克，黄酒10克，葱段10克，姜块10克，盐10克，鸡精8克，胡椒粉3克，料酒15克，鸡油10克，色拉油50克，面粉30克，高汤500克。

4）制作方法

①将猪舌洗净，放入热水中用小刀刮洗干净。猪肚用面粉反复搓揉，洗净备用。将猪心洗净，切成厚1厘米的片。在锅内放入开水、猪舌、猪肚、猪心、葱段、姜块，用大火烧开后改用小火烧20分钟，取出备用。

②将煮好的猪舌切成厚约0.2厘米、重约4克的片。将猪肚、猪心片成重约4克的片。将鱿鱼洗净，片成厚约0.3厘米的大片，放入沸水中大火氽0.5分钟，取出后控水。将鸡脚、鸡脖子洗净后剁成重约5克的小块，放入沸水中大火煮5分钟，取出后控水。将虾米放入50 ℃温水中浸泡20分钟。将午餐肉切长5厘米、宽3厘米、厚0.5厘米的片。将玉兰片切成长3厘米、宽2厘米、厚0.1厘米的片。将青笋、胡萝卜洗净后切成长约5厘米、宽约1厘米、厚约1厘米的条。将茶树菇洗净后放入50 ℃的温水中浸泡30分钟，取出切段。

③锅内放入色拉油，烧至七成热时放入猪心、猪舌、猪肚、鱿鱼、肉丸、酥肉、鸡脚、鸡脖子、虾米、茶树菇、高汤，小火烧10分钟；放入午餐肉、玉兰片、青笋、胡萝卜，小火烧3分钟后，用盐、鸡精、胡椒粉、料酒调味，再用小火烧2分钟，淋鸡油出锅即可。

5）制作要点

用刀处理材料时，成形基本相同，便于入味，受热成熟一致。

6）成品特点

色彩各异，口味浓郁。

7）任务评价

项目 \ 分数 \ 指标	刀工	口感	色泽	口味	盘形	动作	速度	卫生	节约	合计
标准分（百分制）	15	20	20	20	5	5	5	5	5	100
扣分										
实得分										

8）能力拓展

腐乳烧肉

用料规格：

带皮猪软五花肉750克，腐乳两块，菠菜250克，熟猪油100克，料酒15克，味精3.5克，白糖5克，酱油5克，红曲汁5克，鸡汤500克，水淀粉15克，葱、姜各10克，精盐3克。

制作方法：

①用刀刮净猪五花肉皮上的残毛及污物，然后冲洗干净，切成小块。腐乳碾碎，葱切段，姜切片，拍松，菠菜择洗干净，改成小段备用。

②取锅置于火上，倒入熟猪油烧热，放入葱段、姜片略炒，下入腐乳炒出香味，倒入肉块煸至断生无血色。加入料酒、酱油、红曲汁、白糖、精盐，继续煸炒。待肉上色时，倒入鸡汤，用旺火烧开，撇去浮油，倒在砂锅中，放在微火上慢焖。待肉烂后，倒回原锅中，置于旺火上烧开，加味精调味，用水淀粉收浓芡汁，盛于盘内。

③另烧热锅，倒入熟猪油，把菠菜下入锅内，加精盐炒熟，围在盘边。

制作要点：

①五花肉皮上的残毛及污物要刮净。

②烧制火候要把握好。

成品特点：

色泽粉红，肉软烂，味浓香。

任务26　笋子烧肉片

1）任务

学习制作笋子烧肉片。

图1.26　笋子烧肉片

2）目标

了解笋子烧肉片的用料规格和制作过程，掌握其制作要点。

3）用料规格

竹笋200克，五花肉250克，姜（切片）、冰糖、料酒、生抽、老抽、干红辣椒、盐、胡椒粉、葱花等少许。

4）制作方法

①将竹笋去皮洗净后，放入少许沸水中，焯烫后捞出，用淡盐水浸泡，捞出切丁。

②五花肉切块，放入锅中用中小火慢慢煎至出油且四面略呈金黄色。将煎好的五花肉拨到一边，用锅内的油煸香姜片，加几颗冰糖炒至糖化油变成黄色。五花肉炒匀，翻炒到肉上色。

③倒入沥过水的笋丁翻匀，加入干红辣椒，调入料酒、生抽、老抽翻炒。加入开水，没过这些材料为宜，大火烧滚后转中小火，盖上盖焖煮30分钟左右，至肉软糯后收汁。

④加入适量的盐和胡椒粉调味，撒入葱花后起锅。

5）制作要点

①竹笋要用淡盐水浸泡。

②煎制五花肉时，火候要控制好。

6）成品特点

肉质酥烂，笋子鲜美。

7）任务评价

指标 / 分数 / 项目	刀工	口感	色泽	口味	盘形	动作	速度	卫生	节约	合计
标准分（百分制）	15	20	20	20	5	5	5	5	5	100
扣分										
实得分										

8）能力拓展

黄酒焖肉

用料规格：

猪肋条肉1 000克，黄酒400克，冰糖50克，酱油50克，精盐、葱、姜各适量。

制作方法：

①将猪肋条肉放置砧板上，剔去肋骨，将烤叉沿皮面平行的方向插入，叉起上方烘烤，肉皮色呈焦黑时离火下叉。

②将猪肋条肉放入水中，浸软后用刀刮去黑屑，洗净，再修齐四周，用刀在肉皮上深剞成12个方格待用。

③取砂锅1只，将生姜切成片，葱切段放入锅内，加入黄酒、冰糖、精盐，用大火烧沸。再加入酱油，加盖盘并盖严，移小火上焖烂即成。

④砂锅再置于中火上收稠卤汁，揭去锅盖和盖盘，拣去葱、姜，即可上桌。

制作要点：

①肉皮经烘烤后，要将黑屑刮洗干净。

②焖肉时，调料与黄酒一次放足，否则影响菜品风味。

成品特点：

金黄油亮，酒香浓郁，猪肉酥烂，风味独特。

任务27 油面筋烧肉

1）任务

学习制作油面筋烧肉。

图1.27 油面筋烧肉

2）目标

了解油面筋烧肉的用料规格和制作过程，掌握其制作要点。

3）用料规格

油面筋10个，猪肉馅300克，干淀粉2茶匙（30克），老抽、生抽各50克，白砂糖15克，大葱花、姜末、盐各5克，油菜心、香菇各100克，冬笋50克，蚝油15克，黄酒、油各15克，鸡精适量。

4）制作方法

①将油菜心切除根部，洗净叶片根部的泥沙。将香菇去蒂切成四瓣。冬笋切成梳子片。

②在猪肉馅中调入大葱花、姜末、生抽、黄酒、油、干淀粉、盐和白砂糖，然后顺着一个方向用力快速混合搅拌均匀。

③用筷子在油面筋上捅一个窟窿，然后将肉馅一点一点地塞入，将油面筋填满充实。

④锅中放入塞好肉的油面筋，倒入一小碗冷水，加老抽和白砂糖，大火煮开，转中火煮10分钟左右，加少许鸡精调好味，转大火把汤汁收浓，撒上葱花即可。

5）制作要点

①油面筋的窟窿不要捅得太大，以免露馅。

②烧制过程需防止油面筋破裂。

6）成品特点

色泽红亮，大小均匀，咸甜适口。

7）任务评价

项目＼分数＼指标	刀工	口感	色泽	口味	盘形	动作	速度	卫生	节约	合计
标准分（百分制）	15	20	20	20	5	5	5	5	5	100
扣分										
实得分										

8）能力拓展

樱桃肉

用料规格：

猪软五花肉750克，鲜蚕豆250克，花生油750克，料酒15克，精盐1.5克，白糖100克，酱油10克，红曲汁5克，米醋40克，味精2.5克，鸡汤400克，葱、姜各10克。

制作方法：

①将猪软五花肉放在温水中浸泡半小时，用刀刮净皮上的残毛及脏物，洗净，改成小块。将鲜蚕豆剥皮掰成两瓣，葱切段、姜切片，拍松备用。

②取锅置于火上，倒入花生油，烧至八成热。将肉块下锅氽炸一下，倒在漏勺中控净油。原锅留少许底油，重新上火，投入葱段、姜片略炸一下，倒入鸡汤烧开，撇净浮沫。捞出葱段、姜片，放入肉块，加料酒、白糖、精盐、酱油、红曲汁、米醋，在旺火上烧开，移至小火上慢㸆，待肉八成烂时放入鲜蚕豆，直到㸆烂为止。

③将锅转置旺火上，加味精调味，把锅内的汤汁收浓即可。

制作要点：

①五花肉要用温水充分浸泡。

②氽炸肉块时油温要高。

成品特点：

色泽鲜艳，光亮悦目，形似樱桃，肥烂香醇，甜酸咸三味适中，入口即化，配以鲜蚕豆，红绿相映。

任务28　扣肉夹饼

1）任务

学习制作扣肉夹饼。

2）目标

了解扣肉夹饼的用料规格和制作过程，掌握其制作要点。

图1.28 扣肉夹饼

3）用料规格

带皮猪五花肉1 000克，梅菜200克，酱油20克，花卷6只，油1 000克，白糖、老抽、生抽、蒜、米酒、八角粉、精盐、鸡精、麻油、水淀粉、青菜、南乳适量。

4）制作方法

①将锅里的水烧开，将带皮猪五花肉放入锅中煮至用筷子能插入，取出。用叉子在肉皮上扎小眼，扎得越密越好，这样炸出来的肉皮才蓬松，趁热在肉皮上抹酱油。

②锅里多放油，烧至七八成热时（油面上的青烟向四面扩散，油面平静），将整块肉肉皮朝下放入锅中炸，最好用锅盖盖上，以免油溅出烫伤手。转小火，将肉皮炸至金黄色时捞出，沥干油。

③将整块肉的肉皮朝下放入水中浸泡，至松软时取出沥干水分。将炸好的肉切成片，每片大约0.8厘米厚，皮朝下，在碗里码好。将梅菜洗净，切碎。烧热炒锅，炒干梅菜，盛出。

④取一小碗，加南乳两块，白糖、老抽、生抽、米酒、八角粉、精盐等用少许水调匀，按自己口味调好味。锅里放油，烧热，爆蒜蓉，下入梅菜炒，将碗里的汁倒入，烧开。煮好后，倒入装肉的碗内，把碗放在高压锅里，蒸半小时左右，到肉变软时即可取出。取一碟子反扣在碗上，将碗里的汁倒出，烫青菜围边，取出碗。汁下锅再调一下味，加鸡精、麻油，用水淀粉勾薄芡，淋在扣肉上，花卷放于盘边。

5）制作要点

①炸制五花肉时，温度要控制好。

②蒸制扣肉的时间要充足。

6）成品特点

肉质酥烂，口味浓香。

7）任务评价

项目 \ 分数 \ 指标	刀工	口感	色泽	口味	盘形	动作	速度	卫生	节约	合计
标准分（百分制）	15	20	20	20	5	5	5	5	5	100
扣分										
实得分										

8）能力拓展

冰糖四喜肉

用料规格：

猪软五花肉1 000克，菠菜250克，熟猪油100克，料酒10克，酱油5克，冰糖300克，精盐2.5克，味精2.5克，芝麻油5克，糖色3克，八角2.5克，水淀粉15克，鸡汤500克，葱、姜各10克。

制作方法：

①将猪软五花肉放在温水中浸泡半小时，用刀刮净皮上的残毛及污物，洗净，改成4个方块，在带皮的一面沿边剞上叉花刀，在花刀上面刻上“喜”字。将剞好的五花肉下入开水锅内烫一下，捞出。葱切段、姜切片，拍松，菠菜择洗干净，改成小段，备用。

②锅置于火上，倒入熟猪油，投入葱段、姜片和八角，略炒片刻，下入料酒、冰糖、酱油、精盐、糖色、鸡汤。然后放入五花肉块，烧开，撇去浮沫，在小火上焖至八成烂，取出肉块。肉皮朝下码在4个扣碗内。原汤滗于碗内，用油纸封严碗口，上屉蒸至软烂。

③取出扣碗，原汤滗入锅内。肉块翻扣在盘内，锅内汤上火，加冰糖、味精调味。用水淀粉勾成薄芡，将芝麻油浇在盘内肉块上。

④另取锅上火，倒入熟猪油烧热，放入菠菜段，加精盐炒熟，围在盘边。

制作要点：

①剞花刀时深度要把握好。

②焖制五花肉时，火候要把握好。

成品特点：

颜色红亮，口味咸甜适中，油而不腻。

任务29　汆腰片

图1.29　汆腰片

1）任务

学习制作汆腰片。

2）目标

了解汆腰片的用料规格和制作过程，掌握其制作要点。

3）用料规格

猪腰 1 只，冬笋15克，水发冬菇10克，青菜心50克，榨菜10克，绍酒15克，精盐2克，味精1克，酱油2克，芝麻油5克，胡椒粉0.5克，肉汤750克。

4）制作方法

①将猪腰撕去薄膜，平刀批成2片，批去腰臊，在每片腰子的内侧顺长每间隔0.2厘米剞上刀纹，然后批成薄片，用绍酒腌制。将冬笋、水发冬菇、榨菜切成片，青菜心洗净，每棵菜心一剖四待用。

②炒锅置于火上，倒入肉汤烧沸，先将腰片倒入汤中氽熟捞出，放入大碗中。撇去汤中血污，再将冬笋片、冬菇片、榨菜片、青菜心倒入汤中，加入绍酒、精盐、味精、酱油烧沸，去掉浮沫，淋上芝麻油，倒入大碗中，撒上胡椒粉即可。

5）制作要点

①腰片要批得厚薄均匀。

②氽腰片时烫熟即可，不可久煮。

6）成品特点

腰片鲜嫩，汤汁清醇。

7）任务评价

指标 分数 项目	刀工	口感	色泽	口味	盘形	动作	速度	卫生	节约	合计
标准分（百分制）	15	20	20	20	5	5	5	5	5	100
扣分										
实得分										

8）能力拓展

砂锅煨酥腰

用料规格：

猪腰750克，生火腿（去骨）250克，鲜冬笋500克，豌豆苗50克，料酒20克，精盐7.5克，味精4克，鸡汤500克，葱、姜各10克。

制作方法：

①将猪腰剥去外层薄膜，择净胰油，在猪腰两面分别直划几刀，放在开水锅内氽烫一次，捞出洗净，顶刀切成片。

②先用刀切下鲜冬笋的老根和硬尖，剥去笋叶，再削净老皮，放入开水锅内煮透，捞出。冬笋与火腿均切成骨牌片，分别烫好，葱切段、姜切片，拍松，豌豆苗择洗干净后，备用。

③将烫好的猪腰、火腿、冬笋均放在一口大砂锅内，锅内加料酒、精盐、鸡汤以及葱段、姜片，放在旺火上烧开，撇净浮沫，移置小火上煨烂。

④挑出葱、姜，加味精调味，撒上豌豆苗再次烧开，加盖，连同砂锅一起上桌。

制作要点：
①切的腰片要厚薄均匀。
②氽腰片时烫熟即可，不可久煮。
成品特点：
腰子酥烂，火腿鲜香，冬笋脆嫩，豆苗清香，汤浓味鲜。

任务30　氽三片

图1.30　氽三片

1）任务

学习制作氽三片。

2）目标

了解氽三片的用料规格和制作过程，掌握其制作要点。

3）用料规格

猪里脊肉150克，鳜鱼肉150克，猪腰200克，笋片50克，水发木耳50克，黄酒20克，葱结10克，姜片8克，精盐1.5克，胡椒粉1克，熟猪肉75克，清鸡汤1 000克，熟鸡油10克。

4）制作方法

①将猪腰剖成两片，撕去皮膜，批去腰臊，再将猪腰横切两段，批成薄片，放入碗中。再加入葱结、姜片、黄酒浸泡几分钟。猪里脊肉批成薄片，放入碗中用冷水浸泡。鳜鱼肉去皮，批去胸刺，批成薄片，放入葱结、姜片、黄酒腌制几分钟。

②炒锅置于火上烧热，舀入熟猪油，烧至七成热时放入姜片、葱结炸出香味。加清水，氽入鱼片、笋片、木耳烧沸后略煮，用漏勺捞起，拣去葱、姜，放入汤碗中。再将泡好的肉片、腰片连水倒入锅中，加精盐氽透，用漏勺捞起，放在鱼片上。待锅内清鸡汤烧沸，撇去浮沫，加熟鸡油、胡椒粉，起锅盛入汤碗即可。

5）制作要点

①三片中鱼片先氽，氽的程度要掌握好，一般见熟为宜，时间长了鱼肉易碎。
②氽三片要用葱结、姜片、黄酒浸渍去腥。

6）成品特点

鱼皮软嫩，肉片鲜嫩，腰片脆嫩，汤清汁醇。

7）任务评价

项目 分数 指标	刀工	口感	色泽	口味	盘形	动作	速度	卫生	节约	合计
标准分（百分制）	15	20	20	20	5	5	5	5	5	100
扣分										
实得分										

8）能力拓展

汆双脆

用料规格：

猪肚头2个，鸭肫5个，香菜100克，清鸡汤1 000克，味精5克，精盐4克，料酒10克，胡椒粉0.5克，苏打粉1克。

制作方法：

①将猪肚头用清水洗净，用刀片去筋皮和白油，劈成长条形，周围用刀切齐，在肚头的两面分别剞“蓑衣花刀”，再切成5厘米见方的小块。鸭肫用刀片去两面老皮，切成与猪肚头同样的花刀，放在一起，加苏打粉拌匀，再洗净，用干布擦干水。

②取锅置于火上，倒入清鸡汤，加精盐、味精、料酒、胡椒粉，然后烧开，撇净浮沫，起锅倒在大汤碗中。同时，另取一锅开水，放入肚头、鸭肫汆透，迅速捞出放在汤碗里。将香菜择洗干净消毒后，切成碎末放在小碟中，与汤碗一同上桌。

制作要点：

①猪肚头的筋皮和白油要去净。

②汆制肚头、鸭肫时，火候要把握好。

成品特点：

肚头、鸭肫脆嫩，汤清味鲜。

任务31 丸汆汤

1）任务

学习制作丸汆汤。

2）目标

了解丸汆汤的用料规格和制作过程，掌握其制作要点。

图1.31 丸汆汤

3）用料规格

猪五花肉500克，茼蒿150克，笋片50克，水发木耳50克，葱姜汁15克，精盐2克，味精1克，湿淀粉25克，黄酒5克，虾子1克。

4）制作方法

①将猪五花肉切细斩成粗泥，放入碗内，加葱姜汁、黄酒、虾子、精盐、湿淀粉和适量清水，顺一个方向用力搅匀上劲待用。

②将肉泥挤成小丸子放入沸水锅中，烧沸，撇去浮沫，上小火焐透。再放入笋片、水发木耳、茼蒿，上大火烧至汤色乳白，放入味精、精盐，装碗即可。

5）制作要点

①搅拌肉馅时加水要适量，顺一个方向搅匀上劲。

②肉丸应用旺火沸水氽入，小火养透至熟。

6）成品特点

肉丸鲜嫩，汤汁鲜醇。

7）任务评价

项目 \ 分数 \ 指标	刀工	口感	色泽	口味	盘形	动作	速度	卫生	节约	合计
标准分（百分制）	15	20	20	20	5	5	5	5	5	100
扣分										
实得分										

8）能力拓展

清汤火方

用料规格：

生火腿750克，清鸡汤1 500克，熟笋片50克，水发香菇50克，黄酒15克，葱结10克，姜片10克，石碱20克。

制作方法：

①将生火腿放入微烫的清水里加石碱刷洗干净，再用清水洗两次，放入冷水中浸泡后取出，去毛。修去夹黄部分，用清水洗净待用。

②取砂锅1只，内放竹垫，竹垫上放火腿、姜片、葱结，加清水淹没火腿，用中火烧沸。撇去浮沫，加黄酒，移到小火上焖至八成熟取出，拣去葱、姜。待火腿冷却后用刀修齐四边使其成正方形，并在瘦肉那一面切出1寸大小的格子，肉皮上斜切成同样的格子，放入盘内（皮朝下）。加黄酒，上笼蒸约30分钟，取出，滗去原汤，舀入清鸡汤复蒸一次。

滗去汤汁，舀入清鸡汤复蒸两次。火腿肉已酥烂（蒸最后一次时，将笋片、香菇另用小碟加清鸡汤同时上笼蒸）。

③将笼内火腿、香菇等分别取出，滗去汤汁，先将火腿肉放入汤碗内，舀入清鸡汤，上放香菇、笋片即可。

制作要点：

①需修去火腿夹黄，否则有异味，影响成菜口味。

②火腿要反复进行套汤，减轻咸味。

成菜特点：

汤清澈见底，味道醇厚，火腿肉清香酥烂。

项目2

家禽类热菜制作

【项目目标】

1. 了解各种家禽类热菜的制作特点。

2. 掌握各种家禽类热菜的制作方法。

【项目介绍】

本项目的主要内容是学习家禽类热菜制作。家禽类热菜品种繁多，烹法多样，选料严格，调味讲究。

任务1 熘仔鸡

1）任务

学习制作熘仔鸡。

图2.1 熘仔鸡

2）目标

了解熘仔鸡的用料规格和制作过程，掌握其制作要点。

3）用料规格

仔鸡750克，辣椒（青、尖）25克，大蒜（白皮）25克，酱油50克，醋30克，白糖35克，熟色拉油60克，湿淀粉30克。

4）制作方法

①先将仔鸡宰杀后去毛，去除内脏、食管和气管，留下胗、肝，洗净，剔去大骨，剁成约3厘米见方的块，胗和肝切成小块。酱油、湿淀粉与鸡块、肫、肝拌和。将青椒切成片，蒜瓣拍碎。

②取酱油、醋、白糖、湿淀粉调成卤汁。

③将炒锅置于旺火上，倒入熟色拉油，烧至七成热时，将鸡块、胗、肝下锅炸至呈金黄色时捞出。待油烧至八成热时，将胗、肝、鸡块再下锅复炸至呈金黄色，倒入漏勺沥去油。

④在原锅余油中放入蒜瓣、青辣椒炒出香味，倒入卤汁烧开。再将鸡块、胗、肝放入，炒锅颠翻向下，浇上熟色拉油即成。

5）制作要点

应选用当年的嫩仔公鸡，否则影响成菜鲜嫩的效果。

6）成品特点

色泽淡黄，鸡肉鲜嫩，鲜甜略带醋香。

7）任务评价

项目 \ 分数 \ 指标	刀工	口感	色泽	口味	盘形	动作	速度	卫生	节约	合计
标准分（百分制）	15	20	20	20	5	5	5	5	5	100
扣分										
实得分										

8）能力拓展

醋熘素鸡

用料规格：

素鸡400克，荸荠150克，葱10克，蒜5克，姜5克，味精2克，泡椒5克，菜籽油20克，白糖5克，醋10克，盐（或红酱油）3克，水淀粉15克。

制作过程：

①荸荠切滚刀块。素鸡切丁。姜、蒜切成颗，葱切成花。泡椒剁成蓉。

②盐（或红酱油）、白糖、醋、味精、水淀粉、汤等兑成汁。

③锅中放入菜籽油，烧至五成热，下鸡丁、荸荠、姜、蒜、泡椒同炒，翻色后，烹汁芡，下葱花，速炒几下，即可起锅入盘。

成品特点：

咸酸味，颜色金红，口味微酸，鸡丁鲜嫩，荸荠爽脆，清淡可口。

任务2　酱爆鸡丁

图2.2　酱爆鸡丁

1）任务

学习制作酱爆鸡丁。

2）目标

了解酱爆鸡丁的用料规格和制作过程，掌握其制作要点。

3）用料规格

鸡脯肉300克，冬笋75克，葱末5克，姜末5克，鸡蛋（1个）清，甜面酱50克，酱油25克，白糖25克，黄酒25克，干淀粉10克，湿淀粉15克，麻油20克，精盐6克，熟猪油50克。

4）制作方法

①先在鸡脯肉上排刀后，将鸡肉切成小方丁，再放入碗内，用精盐、鸡蛋清、干淀粉将其浆好，加麻油拌匀。冬笋用刀拍扁，切成斜角丁形。

②炒锅置于火上烧热，倒入熟猪油，烧至六成热时，放入鸡丁滑油至变色熟透后，将鸡丁倒入漏勺沥油。炒锅复置于火上，倒入熟猪油，放入笋丁、葱末、姜末煸出香味，加黄酒、酱油、甜面酱、白糖，用湿淀粉勾芡，再倒入鸡丁颠翻几下，淋上麻油后起锅装盘。

5）制作要点

甜面酱要过筛去除渣滓，预先熬制，去酱腥味。

6）成品特点

色泽酱红，味鲜香嫩。

7）任务评价

项目 分数 指标	刀工	口感	色泽	口味	盘形	动作	速度	卫生	节约	合计
标准分（百分制）	15	20	20	20	5	5	5	5	5	100
扣分										
实得分										

8）能力拓展

爆双脆

用料规格：

鸭肫3只（150克），猪肚尖200克，蒜泥5克，精盐1克，味精1克，鸡蛋清1只，干淀粉10克，湿淀粉10克，芝麻油10克，色拉油500克，清鸡汤适量。

制作过程：

①将鸭肫剖开，用刀片去肫皮，取下肫仁，剞成花刀。猪肚尖片去外皮，去净猪油，洗净后剞成花刀，切成同鸭肫同样大小的块，与鸭肫一同放入碗内，加精盐、鸡蛋清、干淀粉拌匀上浆待用。

②炒锅置于火上烧热，舀入熟猪油，烧至七成热时，放入鸭肫、肚尖滑油，用铁勺拨散，待其变色熟透时倒入漏勺沥油。

③原锅舀入色拉油，仍置于旺火上，放入蒜泥略炸，倒入鸭肫和肚尖，烹入用清鸡汤、精盐、味精、湿淀粉调好的调味汁，颠翻炒锅，淋上芝麻油后装盘。

成品特点：

刀纹清晰，汁芡紧裹，脆嫩鲜爽。

任务3 叫花鸡

1）任务

学习制作叫花鸡。

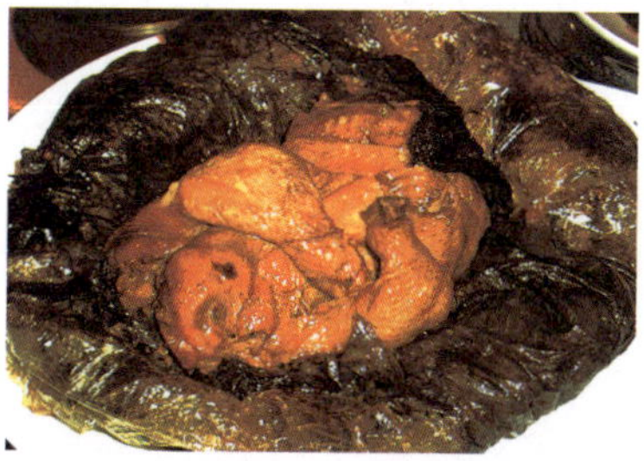
图2.3 叫花鸡

2）目标

了解叫花鸡的用料规格和制作过程，掌握其制作要点。

3）用料规格

母鸡约1 500克，猪网油约400克，猪肉（瘦）100克，鸡肫50克，虾仁50克，香菇（鲜）25克，熟火腿25克，大葱50克，香油50克，姜10克，酱油250克，小葱25克，丁香5克，黄酒50克，精盐5克，肉豆蔻1克，白糖20克，甜面酱50克，八角3克，熟猪油50克，荷叶200克，玻璃纸50克。

4）制作方法

①将猪瘦肉洗净切成丁，姜洗净切末，葱切成葱花，香菇去蒂洗净切成丁。将熟火腿切成丁。将肉豆蔻切成末，虾仁洗净，沥干水分。将鸡肫洗净切成丁。

②将鸡煺毛，斩去脚，在左腋下开长约3厘米的小口，挖去鸡内脏，抽出气管和食管，洗净血污，晾干水分。

③用刀背敲断鸡翅骨、腿骨、颈骨，放入钵中，加酱油适量、黄酒、精盐，腌1小时取出。

④将丁香、八角各适量一并碾成末，加肉豆蔻末和匀并搽抹鸡身。

⑤将锅置旺火上烧热，舀入熟猪油，烧至五成热时，放入葱花、姜末、八角煸炒，接着放入虾仁、猪肉丁、鸡肫丁、火腿丁颠炒，烹入黄酒，加酱油、白糖，炒至断生，即为馅料。

⑥待馅料晾凉后，将其从鸡腋下刀口处填入鸡腹，将鸡头塞入刀口中，两腋各放1粒丁香夹住，用猪网油包紧鸡身。

⑦先用1张荷叶包裹，再用玻璃纸包，外面再包1层荷叶，用细麻绳扎成长圆形。

⑧将酒坛泥（用来酿酒后用泥把坛子口封死，避免酒大量挥发，是用于叫花鸡的一种泥巴，因泥中含有酒糟味，可以把酒糟味渗进鸡身里）碾成粉，加清水拌和。然后在鸡上裹约1.5厘米厚的泥，再用包装纸包裹。

⑨将裹好泥的鸡放入烤箱，用旺火烤40分钟，视泥干裂，补泥裂缝。

⑩再用旺火烤30分钟后，改用小火烤1小时20分钟，最后用微火烤1小时30分钟。

⑪取出叫花鸡，敲掉泥，解去绳，揭去荷叶、玻璃纸，淋上香油即成。

5）制作要点

将馅料从鸡腋下刀口处填入鸡腹，将鸡头塞入刀口中。

6）成品特点

皮色黄亮，鸡肉酥嫩，上筷骨肉即离，香气扑鼻，原汁原味，滋味鲜美。

7）任务评价

项目＼分数＼指标	刀工	口感	色泽	口味	盘形	动作	速度	卫生	节约	合计
标准分（百分制）	15	20	20	20	5	5	5	5	5	100
扣分										
实得分										

8）能力拓展

菊茉炒鸡片

用料规格：

鸡胸脯肉250克，鸡蛋（2个）清，杭菊花3朵，茉莉花70朵，花茶叶15克，小白菜500克，清鸡汤250毫升，精盐3克，味精2克，胡椒粉、淀粉适量。

制作过程：

①将鸡胸脯肉去筋膜，切成薄片，用凉水漂洗。将小白菜剥去老叶，抽去筋洗净，用热水烫熟再用凉水泡上。将杭菊花和茉莉花用钢丝串成小串放入沸水内烫泡，取水100毫升（花物捞出不用）备用。

②取蛋清和适量淀粉与少许精盐、味精调成糊状抹在鸡肉片上，放入锅中烧沸，即离火，放入250毫升清鸡汤内。

③将花茶叶用沸水泡上，待茶色泌出，取茶叶水50毫升并注入250毫升清汤。再将小白菜、食盐、胡椒粉、味精放入锅中，烧入味，捞出，置于菜盆周围。

④在锅内注入清汤，加入待用花汤。再加入适量精盐、味精，烧沸后放入鸡片，稍煮呈香浓味时出锅淋放在小白菜上即成。

成品特点：

菊茉香味扑鼻，鸡片细嫩鲜香。

任务4　锅贴金钱鸡饼

1）任务

学习制作锅贴金钱鸡饼。

图2.4　锅贴金钱鸡饼

2）目标

了解锅贴金钱鸡饼的用料规格和制作过程，掌握其制作要点。

3）用料规格

鸡脯肉500克，猪肥膘肉1 400克，熟火腿100克，小麦面粉30克，干淀粉20克，鸡蛋清120克，精盐6克，味精2克，花椒粉3克，椒盐3克，芝麻油20克，色拉油100克。

4）制作方法

①将猪肥膘肉洗净，放入沸水中煮至八成熟时捞出，剔去皮及瘦肉筋膜。将其整理摊平，用一直径为5厘米的白铁圆筒，在肥膘肉上按30个圆饼形，再将其从中切成两个。

②余下的肥膘肉剔去筋膜，将其放在干净砧板上与鸡脯肉一起剁成细蓉。取大平盘一个，放入鸡蛋清，用竹筷搅成泡沫状，加入干淀粉、精盐、味精，将剁好的鸡肉蓉调匀。熟火腿切成象眼形，待用。

③用干净纱布抹干肥肉饼表面的油脂，撒上面粉，然后将调好的鸡肉蓉均匀贴在肥肉饼面上，用刀平抹肉蓉，使其光滑，再于四角贴上火腿薄片，做成金钱形的饼。

④炒锅洗净烧热，放入色拉油，烧至五成热。将鸡饼肥肉面朝下沿锅边逐个下锅，至肥肉的一面煎成金黄色，滗出锅内余油。将鸡饼铲入盘中，锅置于火上烧热，放入芝麻油，撒花椒粉、椒盐，出锅淋在鸡饼上即成。

5）制作要点

煎制金钱鸡饼用油量不得超过主料。油少时可随时添加，并随时晃锅，使主料不断转动，一防粘锅，二防上色不匀。

6）成品特点

色泽金黄，酥脆鲜嫩，香而不腻。

7）任务评价

项目 \ 分数 \ 指标	刀工	口感	色泽	口味	盘形	动作	速度	卫生	节约	合计
标准分（百分制）	15	20	20	20	5	5	5	5	5	100
扣分										
实得分										

8）能力拓展

三丝炒鸽松

用料规格：

鸽脯肉450克，蛋清20克，葱丝25克，红大椒丝5克，酱瓜丝25克，姜丝20克，精盐5克，绍酒25克，干淀粉15克，芝麻油20克，酱油20克，白糖5克，水淀粉15克，醋3克，花生油500克（实耗油75克）。

制作过程：

①将鸽脯肉放入清水中漂去血水，捞出沥干，切成米粒大的粒（鸽松），放入碗内。加精盐、绍酒、蛋清、干淀粉拌匀上浆，再放入芝麻油拌匀。

②炒锅置于火上烧热，放入花生油烧至四成热（约100 ℃）时，放入鸽松滑油，待变色时捞出沥油。

③炒锅再置于火上，放油，投入配料丝（葱丝、红大椒丝、酱瓜丝、姜丝）煸炒。再放入绍酒、酱油、白糖烧沸，用水淀粉勾芡。放入鸽松，烹入醋，淋入芝麻油，翻锅装盘即成。

成品要求：

鸽松滑嫩，三丝色泽各异，相互映衬，入口嫩爽。

任务5　三套鸭

1）任务

学习制作三套鸭。

图2.5　三套鸭

2）目标

了解三套鸭的用料规格和制作过程，掌握其制作要点。

3）用料规格

活家鸭、活野鸭、活菜鸽各1只，熟火腿片25克，水发冬菇20克，冬笋片30克，鸡肫100克，鸡肝70克，绍酒35克，葱30克，姜30克，精盐20克。

4）制作方法

①先将家鸭、野鸭和鸽子宰杀清洗干净，再将三禽分别整料出骨，后入沸水锅略烫。

②将鸽子由野鸭刀口处套入其腹内，并将冬菇、熟火腿片塞入野鸭腹空隙处，再将野鸭套入家鸭腹内。

③将套鸭放入锅中焯水，捞出沥干。将竹箅垫入砂锅底，放入套鸭，加绍酒、葱、姜及洗净的鸡肫、鸡肝，加清水淹没鸭身，置于中火上烧沸去浮沫，用平盘压住鸭身，加盖移微火上焖3小时到鸭酥烂，拣去葱、姜。拿出竹箅，将鸭翻身（胸朝上），捞出鸡肫、鸡肝，切片，与冬菇、火腿片、冬笋片间隔排在鸭身上，放入精盐再炖30分钟即成。

5）制作要点

鸽子由野鸭刀口处套入其腹内，将冬菇、火腿片塞入野鸭腹空隙处，野鸭也从家鸭刀口处套入家鸭腹内。

6）成品特点

家鸭肉肥味鲜，野鸭肉紧味香，鸽子肉松而嫩。汤汁清鲜，带有腊香。

7）任务评价

项目 \ 分数 指标	刀工	口感	色泽	口味	盘形	动作	速度	卫生	节约	合计
标准分（百分制）	15	20	20	20	5	5	5	5	5	100
扣分										
实得分										

8）能力拓展

贵妃鸡翅

原料规格：

鸡翅500克，酱油40克，姜块15克，葱段20克，红葡萄酒150克，白糖5克，盐5克，色拉油50克。

制作方法：

①将鸡翅剁去翅尖，再将每只鸡翅剁成两节，加盐、酱油、姜、葱腌制1小时。

②炒锅中放入色拉油，烧热后倒入鸡翅，煸炒至断生，加红葡萄酒、白糖，适量加些水，烧沸后撇去沫，倒入砂锅中焖烂，用旺火收浓汤汁即成。

成品特点：

色呈金红，酥烂脱骨，肥美鲜嫩，汤醇味厚，香气四溢。

任务6　清炖鸡孚

图2.6　清炖鸡孚

1）任务

学习制作清炖鸡孚。

2）目标

了解清炖鸡孚的用料规格和制作过程，掌握其制作要点。

3）用料规格

鸡肉185克，猪肉（肥瘦）185克，香菇（鲜）60克，熟火腿60克，鸡蛋清100克，姜5克，黄酒15克，葱3克，干淀粉30克，精盐2克，猪油（炼制）60克，清鸡汤适量。

4）制作方法

①将香菇去蒂洗净，葱、姜分别洗净，均切成末。

②将熟火腿切片，猪肉切细，剁成米粒状（肉蓉），放入碗内。加葱末、姜末、精盐拌匀。

③将鸡肉皮朝下，平摊在砧板上，用刀在鸡肉上轻轻排斩一次，再将肉蓉均匀地平铺在鸡肉上。

④在肉蓉上横竖交叉剁两遍，使猪肉、鸡肉紧紧粘在一起，再将其切成边长3厘米的菱形块。

⑤将鸡蛋清倒入盘中，用3根竹筷搅打成蛋泡糊，加干淀粉拌匀，再将鸡肉块放入，蘸满蛋泡糊。

⑥炒锅置于旺火上烧热，放入熟猪油烧至五成热时，将鸡块分3次逐块放入，炸约1分钟，使鸡块稍起软壳，呈白色，用漏勺捞出，沥油。

⑦将鸡块放入炒锅内，加清鸡汤、火腿片、黄酒、精盐，盖上锅盖，用旺火烧沸后，再用小火焖约25分钟，待鸡肉酥烂，放入香菇，再焖5分钟即成。

5）制作要点

炸制鸡块时，火候要把握好。

6）成品特点

清澄、醇厚，入口酥烂，味美可口。

7）任务评价

项目 \ 分数 \ 指标	刀工	口感	色泽	口味	盘形	动作	速度	卫生	节约	合计
标准分（百分制）	15	20	20	20	5	5	5	5	5	100
扣分										
实得分										

8）能力拓展

锅贴鸡

用料规格：

鸡脯肉（生）200克，熟猪肥膘肉200克，面粉50克，咸菜叶50克，鸡蛋（2个）清，干淀粉15克，大米粉75克，葱结、姜片各10克，精盐2克，料酒25克，麻油15克，味精1克，葱椒盐1克，油75克。

制作过程：

①将鸡脯肉片成约6.5厘米长、5厘米宽、0.6厘米厚的片，加葱结、姜片、料酒、精盐、味精调拌浸渍入味。将熟猪肥膘肉、咸菜叶切成与鸡脯肉片同样大小。鸡蛋清加干淀粉、葱椒盐调制咸蛋清粉浆。另用鸡蛋清加大米粉、面粉加适量水调成蛋清粉糊。

②将猪肥膘肉片在砧板上铺平，涂上鸡蛋清浆，放上鸡脯肉片，再涂上蛋清粉浆，盖上咸菜叶即成锅贴鸡生胚。

③炒锅置于火上烧热，用油滑锅，蛋清粉糊放在平盒中，放入锅贴鸡生坯涂糊。然后滑入锅中，在四周浇入油，盖上锅盖，用小火将锅贴煎至里层呈金黄色，鸡脯肉成熟，倒去余油，起锅改刀装盘，淋上麻油即成。

成品特点：

底部酥脆，表层松嫩，咸菜清香味美。

任务7　三杯鸡

图2.7　三杯鸡

1）任务

学习制作三杯鸡。

2）目标

了解三杯鸡的用料规格和制作过程，掌握其制作要点。

3）用料规格

鸡900克，红辣椒30克，大蒜15克，米酒50克，酱油50克，猪油50克，味精5克，白糖5克，胡椒粉1克，葱10克，姜10克。

4）制作方法

①将鸡宰杀放净血，放入热水中浸烫，去净羽毛，脱去爪皮、嘴壳，用清水洗净。将鸡改刀成块，放入汤锅。

②将姜洗净，切成1厘米见方的指甲片。葱切成1.5厘米长的段。

③汤锅置于火上，加入猪油和姜片、葱段，用大火爆香。

④取出汤锅，将调味料一并加入汤锅中，加盖，用大火煮8分钟至沸，去盖，再以中火加热20分钟即可。

5）制作要点

在烹制时不能放汤或加水，以免失其原汁原味。

6）成品特点

色泽酱红，原汁原味，醇香诱人。

7）任务评价

分数 指标 项目	刀工	口感	色泽	口味	盘形	动作	速度	卫生	节约	合计
标准分（百分制）	15	20	20	20	5	5	5	5	5	100
扣分										
实得分										

8）能力拓展

红烧鸡翅

用料规格：

鸡翅中8只，姜10克，葱10克，料酒10克，精盐5克，味精2克，酱油5克，蚝油5克，白糖5克，色拉油200克。

制作方法：

①鸡翅中洗净，表面剞花刀，加入精盐、味精、酱油、白糖和蚝油拌匀，腌约1小时使其入味。

②将色拉油倒入盛器，加入葱、姜后，高火1分钟将其爆香。然后放入腌好的鸡翅中拌匀，高火烧3分钟后加水调味，再高火烧5分钟即可。

成品要求：

色泽红润，咸甜适中，回味无穷。

任务8　金陵烤鸭

1）任务

学习制作金陵烤鸭。

2）目标

了解金陵烤鸭的用料规格和制作过程，掌握其制作要点。

图2.8　金陵烤鸭

3）用料规格

净鸭1只，青菜叶1 500克，饴糖（水）5克，葱段50克，薄饼12张，甜酱50克，香葱叶

250克，花椒0.5克，姜片10克，芝麻油50克。

4）制作方法

①将净鸭洗净，在右翅下开一个小口，抽出气管，取出内脏，再将鸭洗净沥干。将青菜叶、香葱叶洗净，从鸭子的肛门塞入，再将花椒、青菜叶填入鸭腹内，使肚膛饱满。

②将烤叉从鸭腿下裆插入，穿过胸骨至肩骨颈皮穿口3.5厘米戳通，将鸭头卡住叉尖。

③将锅置于旺火上，舀入清水烧沸，将鸭头按入水内，舀沸水浇淋鸭身，使鸭皮绷紧出现毛孔，趁热用饴糖水抹匀鸭身，放在通风处吹干。

④将鸭放入烤炉内，先烤两肘，再烤脯肉。鸭肉成熟时，离火，用芝麻油刷遍鸭皮。然后将火拨旺，再烤至鸭皮吱吱作响、毛孔微微冒出油花、皮呈金红色时离火退叉。片下鸭肉装盘，嵌上头尾，配以薄饼、甜酱、葱段同食。

5）制作要点

烤制鸭时要根据原料的大小控制时间的长短和火力的大小，烧制鸭至枣红色且油润光亮。

6）成品特点

色泽红亮，味道酥润喷香，食而不腻。

7）任务评价

项目 \ 分数 \ 指标	刀工	口感	色泽	口味	盘形	动作	速度	卫生	节约	合计
标准分（百分制）	15	20	20	20	5	5	5	5	5	100
扣分										
实得分										

8）能力拓展

盐水鸭翅

用料规格：

鸭翅4个，油、盐适量，料酒、生抽少许，八角几个，桂皮少许，花椒少许，葱、姜适量，冰糖少许，鸡精少许。

制作方法：

①将八角、桂皮、花椒装入专用卤包袋中，封好口。

②取汤锅，先将葱、姜拍松后放入锅中，加入水，用中火烧开。

③将料酒加入汤锅中，煮开后，加入冰糖、盐和卤包，改用小火，煮沸约5分钟，至香味散发，卤汁就算预备好了。

④熬制卤汁的同时，将鸭翅洗净，另起一锅，放入适量的水，水开后，将鸭翅放入锅

中余烫2分钟后取出，再用开水冲净。

⑤将处理好的鸭翅放入煮开的卤汁中，改小火使卤汁一直处于微沸状态，约45分钟后熄火，让鸭翅继续浸泡10分钟后出锅，晾凉后即可享用。

成品特点：

醇香可口。

任务9　鸡蓉蛋

1）任务

学习制作鸡蓉蛋。

图2.9　鸡蓉蛋

2）目标

了解鸡蓉蛋的用料规格和制作过程，掌握其制作要点。

3）用料规格

仔鸡脯肉75克，猪肥膘肉38克，鸡蛋清200克，熟火腿丝15克，水发香菇丝15克，青菜叶丝5克，绍酒15克，精盐4克，味精1克，清鸡汤150克，水淀粉15克，熟鸡油5克，熟猪油1 000克（约耗75克）。

4）制作方法

①将仔鸡脯肉、猪肥膘肉分别剁成蓉，一起放入碗内，加绍酒、精盐、味精、鸡蛋清，搅拌成鸡蓉。

②将余下的鸡蛋清放入汤盆中，搅打成发蛋。先舀3汤匙发蛋，放入鸡蓉中拌匀，然后再将剩下的发蛋放入鸡蓉中调匀。

③将锅置于火上烧热，舀入熟猪油，烧至四成热，用汤匙将鸡蓉分次舀入锅内（成蛋形）。同时用筷子轻轻翻动，待外表凝结成鸡蓉蛋，用筷子逐个托起，放在漏勺内沥油。再将原油锅移至微火上，再放入鸡蓉蛋，轻轻翻动，使其均匀受热。

④另取锅置于旺火上，放入熟猪油，舀入清鸡汤，加绍酒、精盐、味精，再放入熟火腿丝、香菇丝、青菜叶丝，烧沸后用水淀粉勾芡。同时，将鸡蓉蛋用漏勺捞出，放入锅内轻轻翻动，淋入熟猪油，起锅滑入盘中，再淋上熟鸡油即成。

5）制作要点

油温需保持三至四成热，使鸡蓉蛋洁白不黄。

6）成品特点

色泽洁白，饱满形圆，细嫩无渣，口味鲜美。

7）任务评价

项目　分数　指标	刀工	口感	色泽	口味	盘形	动作	速度	卫生	节约	合计
标准分（百分制）	15	20	20	20	5	5	5	5	5	100
扣分										
实得分										

8）能力拓展

文楼涨蛋

原料规格：

鸡蛋400克，肥膘肉50克，鲜汤50克，面包糠10克，猪油200克，盐11克，味精1克，小葱3克。

制作方法：

①将蛋清、蛋黄分开打散，蛋清打成发蛋，肥膘肉切成粒，面包糠用鲜汤泡开。

②将发蛋、蛋黄、肥膘肉粒、葱花、面包糠放在大碗内和匀，加盐、味精拌匀。

③炒锅置于火上，倒入猪油烧热。蛋糊倒入锅内用手勺推动，待蛋糊外层凝固，转小火轻轻晃动锅，翻身盖上锅盖焖制，蛋膨胀后装入盘中。

成品特点：

色泽金黄，涨蛋膨松，味香细嫩。

任务10　苏州糟鹅

图2.10　苏州糟鹅

1）任务

学习制作苏州糟鹅。

2）目标

了解苏州糟鹅的用料规格和制作过程，掌握其制作要点。

3）用料规格

鹅2 000克，香糟50克，花椒、酱油各2克，精盐40克，姜片、大葱（切段）各30克，黄酒60克。

4）制作方法

①将鹅宰杀收拾干净后，放于清水中浸泡1小时，泡去血水，然后捞出沥干。

②锅内放入净鹅，加水淹没鹅体，用大火煮沸，然后撇去血污。再加入葱段、姜片、黄酒，用中火煮40～50分钟起锅。起锅后，在鹅体上撒适量精盐，然后将鹅分成头、脚、翅膀和两片鹅身，放入干净的容器内冷却1小时，将煮汤另盛于一干净容器内，撇净浮油和杂质，加入酱油、花椒、葱花、姜末、精盐，待用。

③将已冷却的熟鹅平放于洁净的糟坛中，倒入500克左右已冷却的汤，然后盖上双层细纱布，纱布要比坛口大些，将坛口扎紧。再将剩余的冷却汤、黄酒及香糟拌好后倒入纱布上，使汤液徐徐流入糟坛，渗入鹅肉中。糟坛口盖上盖，使鹅块在坛内糟制4～5小时即成。食用时，将坛内糟汤浇在糟好的鹅块上即可。

5）制作要点

纱布要比坛口大，要将坛口扎紧，要将剩余的冷却汤、绍酒及香精拌好倒入纱布使汤液徐徐流入糟坛渗入鹅肉中。

6）成品特点

肉质鲜嫩，糟香扑鼻。

7）任务评价

项目＼分数＼指标	刀工	口感	色泽	口味	盘形	动作	速度	卫生	节约	合计
标准分（百分制）	15	20	20	20	5	5	5	5	5	100
扣分										
实得分										

8）能力拓展

左宗棠鸡

原料规格：

鸡腿4只，生粉10克，鸡蛋（1个）黄，盐5克，干辣椒5个，大蒜3瓣，姜适量，葱若干，生抽约10毫升，白醋约15毫升，白糖10克，清水20毫升。

制作方法：

①将鸡腿洗净，大蒜、姜切碎，葱切丝，干辣椒切粒待用。

②用剪刀沿鸡腿的一端剪向另一端，剔除骨头。

③鸡肉切成2厘米×2厘米的块，装进碗中，加蛋黄、盐搅拌均匀。

④下油锅前再将生粉拌进鸡肉中。

⑤油温烧至180 ℃时，将鸡肉倒入锅中。

⑥用筷子不停翻搅鸡块，以免相互粘连。
⑦将所有调料放入碗中，调成酱汁。
⑧锅内留少许底油，将干辣椒放入锅中煸香。
⑨倒入调好的酱汁，小火熬到黏稠。
⑩倒入炸好的鸡块，快速翻炒均匀即可。
成品特点：
脆嫩爽口。

任务11　卷筒鸡

图2.11　卷筒鸡

1）任务

学习制作卷筒鸡。

2）目标

了解卷筒鸡的用料规格和制作过程，掌握其制作要点。

3）用料规格

鸡肉（净）400克，猪网油500克，水发冬菇100克，鸡蛋3个，麻油25克，酱油10克，料酒10克，盐2.5克，味精5克，糖5克，葱、姜各10克，胡椒粉0.5克，辣酱油50克，干淀粉30克，色拉油1 500克（耗200克）。

4）制作方法

①将鸡肉切成3.3厘米长的粗丝，冬菇去蒂洗净，切成3.3厘米长的粗丝，将葱、姜切成细丝。然后将上述材料一并放入锅内，加入料酒、酱油、味精、盐、糖、胡椒粉、干淀粉拌和。再加入麻油、色拉油（75克）拌匀待用。

②猪网油洗净后晾干水分，切成30厘米长、15厘米宽的长方块（共4块），拍上干淀粉，将拌好的鸡丝分散在4块猪网油上，包成约20厘米长、3厘米直径的卷筒形，两头包好待用。

③锅内放入色拉油，待烧至四成热时，把猪网油卷粘上干淀粉和鸡蛋调成的稀糊，放入油中炸7分钟左右，待网油卷浮起、表面呈黄色时即捞起，切成1.3厘米厚的斜刀棱形片装盆，跟辣酱油同时上席即成。

5）制作要点

①卷筒鸡要卷紧，以防止受热变形，影响成菜美观。

②油炸卷筒鸡生坯时应注意控制好油温。

6）成品特点

色泽金黄，外香脆，里鲜嫩。

7）任务评价

项目 \ 分数 \ 指标	刀工	口感	色泽	口味	盘形	动作	速度	卫生	节约	合计
标准分（百分制）	15	20	20	20	5	5	5	5	5	100
扣分										
实得分										

8）能力拓展

炸山鸡塔

用料规格：

山鸡脯肉250克，猪网油400克，粳米粉150克，雪里蕻叶6张，葱姜汁10克，干淀粉10克，虾仁100克，鸡蛋3个，绍酒50克，精盐3克，味精1克，葱椒1克，芝麻油50克，花生油1 000克（约耗100克），花椒盐0.5克。

制作方法：

①将山鸡脯肉、虾仁分别斩成蓉，同放入碗中。加鸡蛋（1个）清、葱姜汁和干淀粉搅拌均匀，再加精盐、味精、芝麻油搅匀上劲，成山鸡塔馅。将蛋清放入碗中，加葱姜、干淀粉搅成蛋清浆，另加蛋清和粳米粉搅匀，与花生油搅匀成鸡蛋糊。将猪网油和雪里蕻叶分别洗净，用洁布抹干水，分别切成长8厘米、宽6厘米的长条。

②猪网油块铺在菜墩上，抹上蛋清浆，揿上山鸡馅，抹平，盖上雪里蕻叶，做成山鸡塔生坯。

③炒锅置于火上，放入花生油，烧至五六成热时，将山鸡塔生坯裹上鸡蛋糊（要露出绿色），逐块下油锅炸至呈淡黄色，山鸭塔浮上油面时，即用漏勺捞起。待油温升至190 ℃时，再将山鸡塔入锅，炸至金黄色时，捞出沥净油。将山鸡塔切成一字条装盘，撒上花椒盐，淋上芝麻油即成。

制作要点：

馅料咸淡适宜，鸡蛋糊稀稠要适度，挂糊时菜叶略透绿色。

成品特点：

外酥香，内鲜嫩，色金黄。

任务12 香酥鸭

图2.12 香酥鸭

1）任务

学习制作香酥鸭。

2）目标

了解香酥鸭的用料规格和制作过程，掌握其制作要点。

3）用料规格

净鸭1 500克，葱80克，盐80克，姜130克，花椒8克，黄酒10克，桂皮20克，酱油10克，八角8克，小茴香4克。

4）制作方法

①除去鸭子的内脏、翅膀、鸭脚、鸭臊，再把鸭脯处的胸骨压平。将盐抹遍鸭子全身，加入桂皮、八角、小茴香、葱、姜等，上笼蒸约3小时后取出，晾干。

②油锅置于旺火上，将鸭子放入锅内，炸后捞出。

③在鸭皮上抹些黄酒和酱油，放入锅内炸至鸭皮呈金色。可蘸甜面酱或番茄酱食用。

5）制作要点

将净鸭从腋下开口，口开至5厘米左右即可。

6）成品特点

金黄，口感酥香脆。

7）任务评价

项目 分数 指标	刀工	口感	色泽	口味	盘形	动作	速度	卫生	节约	合计
标准分（百分制）	15	20	20	20	5	5	5	5	5	100
扣分										
实得分										

8）能力拓展

盐焗鸡

用料规格：

鸡900克，花生油120克，麻油6克，沙姜粉3克，味精3克，盐3克。

制作方法：

①先将沙姜粉、味精、盐放入碗中拌匀，加入麻油及烧热的花生油调成稀糊。

②鸡洗净放入微沸的水锅中，水淹过鸡身，约浸15分钟至熟，把鸡捞出后用冷开水冷却。

③把鸡拆卸分类，鸡皮切块，鸡肉撕条，鸡骨斩件，分别加入稀糊状调料拌匀装盘——鸡骨垫底。鸡肉铺在鸡骨上，最后铺上鸡皮即可。

成品特点：

焦香诱人，滑嫩可口。

任务13　贵妃鸡翅

1）任务

学习制作贵妃鸡翅。

图2.13　贵妃鸡翅

2）目标

了解贵妃鸡翅的用料规格和制作过程，掌握其制作要点。

3）用料规格

鸡翅500克，酱油40克，姜块15克，葱段20克，红葡萄酒150克，白糖5克，盐5克。

4）制作方法

①将鸡翅剁去翅尖，再将每个鸡翅剁成两节，加盐、酱油、姜、葱腌制1小时。

②炒锅中放油，烧热后倒入鸡翅，煸炒至断生，加红葡萄酒、白糖，适量加些水，烧沸后撇沫，倒入砂锅中焖烂，最后用旺火收浓汤汁即成。

5）制作要点

鸡翅需剁去翅尖，鸡翅剁成两节，注意腌制时间。

6）成品特点

色呈金红，酥烂脱骨，肥美鲜嫩，汤醇味厚，香气四溢。

7）任务评价

项目\分数\指标	刀工	口感	色泽	口味	盘形	动作	速度	卫生	节约	合计
标准分（百分制）	15	20	20	20	5	5	5	5	5	100
扣分										
实得分										

8）能力拓展

熘象牙鸡

用料规格：

鸡脯肉175克，冬笋175克，鸡蛋（2个）清，精盐2克，白糖40克，白醋20克，黄酒10克，湿淀粉10克，葱末5克，姜末5克，清鸡汤100克，麻油5克，色拉油500克（实耗50克）。

制作方法：

①将鸡脯肉片成6厘米长的柳叶片，用鸡蛋清、精盐、湿淀粉搅匀上浆。冬笋焯水后切成4厘米长、0.5厘米的长条，把笋条卷在浆好的鸡片中间，鸡片接头处用湿淀粉粘牢，笋条两端稍露，逐个卷好后放在抹过油的盘内成象牙鸡生坯。

②炒锅上火烧热，舀入色拉油，烧至五成热时，倒入象牙鸡生坯滑油，象牙鸡生坯呈白色时倒入漏勺沥油。炒锅留少许油上火，放入葱末、姜末略炸，加清鸡汤、黄酒、精盐、白糖烧沸，用湿淀粉勾芡。再加少许色拉油，倒入象牙鸡颠翻几下，淋入白醋、麻油后起锅装盘即成。

制作要点：

鸡片卷在笋条上，在接头处要粘牢，防止滑油时散脱变形。

成品特点：

笋色白如象牙，鸡笋鲜嫩，甜酸适口。

任务14　熘桃仁鸡

图2.14　熘桃仁鸡

1）任务

学习制作熘桃仁鸡。

2）目标

了解熘桃仁鸡的用料规格和制作过程，掌握其制作要点。

3）用料规格

生鸡脯肉150克，核桃仁100克，熟笋片50克，豌豆苗25克，鸡蛋（1个）清，酱油20克，白糖40克，醋25克，葱花5克，姜末5克，黄酒20克，麻油30克，干淀粉25克，湿淀粉10克，色拉油500克（实耗100克）。

4）制作方法

①将生鸡脯肉用刀切成柳叶片。核桃仁放入沸水中去皮，再放入热油中焐油起脆后捞出，用刀略斩碎。鸡蛋清加干淀粉搅成蛋清浆。

②将鸡片铺平，逐片均匀涂上蛋清浆，放上核桃仁（约用去3/4）。将鸡片卷成圆筒形，裹上蛋清浆，放入盛有麻油的盘内浸泡，成桃仁鸡生坯。

③炒锅置于火上烧热，舀入色拉油，烧至五成热时，放入桃仁鸡生坯滑油，至其变色时倒入漏勺沥油。炒锅复置于火上，舀入色拉油，放入葱花、姜末、熟笋片、核桃仁煸炒。然后加黄酒、酱油、白糖，用湿淀粉勾芡，倒入桃仁鸡卷，加醋、麻油颠翻几下后起锅装盘。

5）制作要点

鸡片不宜厚，核桃仁紧裹在鸡片中间。

6）成品特点

色泽金黄，外嫩里香酥，味鲜美。

7）任务评价

项目 \ 分数 \ 指标	刀工	口感	色泽	口味	盘形	动作	速度	卫生	节约	合计
标准分（百分制）	15	20	20	20	5	5	5	5	5	100
扣分										
实得分										

8）能力拓展

鸡粥菜心

原料规格：

鸡脯肉200克，青菜心50克，熟肥膘肉50克，熟火腿末25克，鸡蛋清30克，葱姜汁15克，精盐5克，干淀粉25克，绍酒20克，味精2克，熟猪油35克，清鸡汤150克。

制作方法：

①将鸡脯肉、熟肥膘肉分别斩成蓉，放入碗内，加入清鸡汤、葱姜汁、绍酒、精盐、干淀粉调匀，鸡蛋清打成发蛋，掺入鸡蓉中拌和。

②炒锅置于火上烧热，放入熟猪油，烧至六成热（约132 ℃）时，将青菜心倒入锅中略煸，加入清鸡汤、精盐、味精烧沸，倒入漏勺。

③炒锅再置于火上烧热，放入熟猪油，舀入清鸡汤，加入精盐、味精烧沸，用水淀粉勾芡。然后将鸡蓉倒入锅中翻炒，待鸡粥大沸时，淋入熟猪油，投入青菜心翻炒，起锅装盘，撒上熟火腿末即成。

成品特点：

鸡粥洁白如雪，菜心碧绿，似玉中藏翠，清鲜爽口，为初冬佳肴。

任务15　葱扒鸭子

图2.15　葱扒鸭子

1）任务

学习制作葱扒鸭子。

2）目标

了解葱扒鸭子的用料规格和制作过程，掌握其制作要点。

3）用料规格

嫩鸭一只（重约2 000克），京葱150克，葱结1个，姜片5克，绍酒100克，酱油75克，湿淀粉50克，白糖35克，芝麻油10克，味精2.5克，熟猪油1 500克（约耗90克）。

4）制作方法

①将鸭宰杀，煺毛，洗净，在尾背上部横切一刀，取出内脏，挖去鸭臊，用清水冲净，鸭背部用刀尖直划一刀（长约6厘米）。将鸭放入沸水锅汆约3分钟，取出，洗净鸭的血污。京葱洗净，对剖切成5厘米长的段待用。

②炒锅置于旺火上烧热，下猪油，先把鸭放入温水锅烫热。将鸭揩干水，用酱油涂抹鸭的全身，待油温至七成热（约200 ℃）时，把鸭子入锅炸至金黄色，用漏勺捞出。再取炒锅1只，放入鸭子，加绍酒、白糖，葱结、姜片、酱油、水，置于旺火上煮沸后，将锅移至小火上焖，待鸭酥后捞出，肚朝上放在大腰盘中，拣去锅中葱、姜，原汁盛起待用。

③锅内放猪油，加京葱段入锅煸透，倒入原汁，加味精，用湿淀粉勾薄芡，淋上芝麻油，起锅均匀地浇在鸭身上即成。

5）制作要点

鸭子初加工时要精细彻底，炸制时间要把握好。

6）成品特点

鸭形完整，原汁原味，色泽红亮，鸭肉香酥，葱香微甜。

7）任务评价

项目 分数 指标	刀工	口感	色泽	口味	盘形	动作	速度	卫生	节约	合计
标准分（百分制）	15	20	20	20	5	5	5	5	5	100
扣分										
实得分										

8）能力拓展

瓢儿鸽蛋

原料规格：

熟鸽蛋6个，虾仁100克，香菇末5克，鸡蛋（2个）清，熟火腿末5克，绿菜叶10克，黄酒5克，精盐2克，味精1克，淀粉15克，鲜汤100克，精炼油500克。

制作方法：

①将熟鸽蛋去壳切成两半，绿菜叶切成细丝。

②将虾仁制蓉，蛋清打成发蛋，加淀粉、味精、精盐、黄酒调出虾蓉状。

③取汤匙12只，匙内抹油，抹虾蓉，将鸽蛋放在虾蓉中间，鸽蛋上放熟火腿末，用菜丝点缀，上笼蒸3分钟取出，去汤匙排入盘内。

④锅置于火上，倒入精炼油、鲜汤，加黄酒、味精、精盐，烧沸后勾芡，最后浇在鸽蛋上。

成品特点：

鸽蛋呈半透明状，色彩悦目，虾肉鲜嫩油润。

任务16 龙凤腿

1）任务

学习制作龙凤腿。

图2.16 龙凤腿

2）目标

了解龙凤腿的用料规格和制作过程，掌握其制作要点。

3）用料规格

鸡腿骨、鸡丝各450克，虾仁100克，笋条10根，猪网油150克，鸡蛋50克，白糖10克，辣酱油7.5克，精盐7.5克，绍酒20克，面包粉适量，味精2克，葱（末）20克，胡椒粉3克，干淀粉20克，花生油1 250克（实耗油150克）。

4）制作方法

①将鸡丝、虾仁同放于碗内，加鸡蛋、白糖、辣酱油、精盐、绍酒、味精、葱末和胡椒粉拌和待用。

②将猪网油漂洗干净，切成10厘米厚的块，将鸡丝、虾仁分别放在猪网油上，鸡腿骨摆放在猪网油的一端包成鸡腿形（龙凤腿坯）并在一端插入笋条1根。

③将鸡蛋加干淀粉调和，油锅置于火上，烧至七成热（约175 ℃）时，将龙凤腿坯逐个蘸满干淀粉，再拖蛋糊，裹上面包粉，下入油锅炸至淡黄色，将油锅移至小火上炸1分钟至熟，用漏勺捞出，整齐摆入盘中即成。

5）制作要点

龙凤腿坯需逐个蘸满干淀粉，再拖蛋糊，滚上面包粉，下入油锅炸至淡黄色。

6）成品特点

造型美观，色泽褐黄，外松脆、里鲜嫩，口味香咸。

7）任务评价

项目 分数 指标	刀工	口感	色泽	口味	盘形	动作	速度	卫生	节约	合计
标准分（百分制）	15	20	20	20	5	5	5	5	5	100
扣分										
实得分										

8）能力拓展

红白鸡片

用料规格：

鸡脯肉175克，鸡肝175克，熟笋片50克，韭黄段50克，鸡蛋（1个）清，湿淀粉15克，精盐3克，味精1克，干淀粉10克，醋5克，黄酒20克，熟猪油250克（实耗100克），麻油20克。

制作方法：

①将鸡脯肉片成柳叶形，鸡肝切片。鸡片用精盐、蛋清、干淀粉浆起，并加入麻油拌匀。鸡肝用干淀粉浆起。

②将炒锅置于火上，舀入熟猪油，烧至四成热时，分别放入鸡片、鸡肝滑油，至其变色断生后倒入漏勺沥油。

③将炒锅置于火上，舀入熟猪油，放入熟笋片略炒，加入黄酒、精盐、味精，用湿淀

粉勾芡，投入鸡片、鸡肝片、韭黄段炒匀，颠翻几下，淋入麻油颠匀后装入放有底醋的盘内即成。

成品特点：

红白分明，明有亮汁，鲜嫩软滑。

任务17 三丝鸽松

1）任务

学习制作三丝鸽松。

图2.17 三丝鸽松

2）目标

了解三丝鸽松的用料规格和制作过程，掌握其制作要点。

3）用料规格

净鸽脯肉250克，熟笋50克，鸡蛋（2个）清，水发香菇25克，红大椒10克，瓜姜10克，干淀粉15克，葱6克，黄酒10克，精盐3克，白糖6克，酱油15克，清鸡汤50克，湿淀粉10克，醋6克，麻油30克，味精2克，色拉油400克（实耗100克）。

4）制作方法

①将鸽脯肉用清水略泡后切成细丁，先用精盐、鸡蛋清、干淀粉上浆，再用麻油拌匀。

②将瓜姜洗净，与熟笋、香菇、红大椒、葱分别切成丝待用。

③将炒锅置于火上烧热，再放入色拉油烧至四成热时，倒入鸽肉丁，用3根筷子滑油至鸽肉丁松散、变色，倒入漏勺（要用细眼漏勺）沥油。原锅重置于火上，留少许油，放入配菜略煸，加入黄酒，舀入清鸡汤，加酱油、白糖，用湿淀粉勾芡，倒入鸽肉丁颠翻，加醋、味精，淋入麻油即成。

5）制作要点

在处理鸽脯肉时，要求肉丁大小一致。鸽脯肉水分须挤干，否则不易上浆，失去保护原料鲜嫩的作用。

6）成品特点

明油亮滑，色呈暗红，鲜香脆嫩。

7）任务评价

项目＼分数＼指标	刀工	口感	色泽	口味	盘形	动作	速度	卫生	节约	合计
标准分（百分制）	15	20	20	20	5	5	5	5	5	100
扣分										
实得分										

8）能力拓展

炒橘红

用料规格：

仔鸭肫6只，熟笋片50克，葱15克，黄酒20克，酱油20克，白糖10克，醋5克，麻油20克，湿淀粉25克，精盐2克，味精2克，色拉油500克（实耗50克）。

制作方法：

①将仔鸭肫剖开，撕去肫皮，洗净，然后将肫片成薄片，使其截面形似橘瓣，用精盐、味精、湿淀粉浆起待用。

②将炒锅置于火上，舀入色拉油，烧至六成热时，将肫片倒入锅中滑油至肫片变色，捞出沥油。炒锅重置于火上，放少许色拉油，投入葱、熟笋片煸炒，加黄酒、酱油、白糖，用湿淀粉勾芡，倒入肫片颠翻，淋醋、麻油后起锅装盘。

制作要点：

宜选质地鲜嫩的仔鸭肫，片要薄，大小要一致，肫片上浆时淀粉量不宜多。

成品特点：

形似花瓣，入口爽脆。

任务18　烩鸭掌

图2.18　烩鸭掌

1）任务

学习制作烩鸭掌。

2）目标

了解烩鸭掌的用料规格和制作过程，掌握其制作要点。

3）用料规格

鸭掌400克，玉兰片25克，香菇（鲜）25克，火腿25克，熟猪油30克，大葱5克，精盐2

克，味精1克，胡椒粉1克，料酒15克，姜2克，鸡油10克，淀粉（豌豆）5克，汤适量。

4）制作方法

①将鸭掌洗净后，煮熟剔去爪骨，装入碗内，加汤蒸10分钟。

②将玉兰片、香菇、火腿均切成片，然后同鸭掌一起用少量油煸炒，加入料酒、精盐、汤翻炒烩制；开锅加入味精、湿淀粉（淀粉5克加水）勾薄芡，淋入猪油，起锅盛盘。撒入葱花、胡椒粉，淋上鸡油即成。

5）制作要点

清洗鸭掌要彻底，鸭掌要加汤蒸制。

6）成品特点

质软嫩，味鲜美。

7）任务评价

项目 \ 分数 \ 指标	刀工	口感	色泽	口味	盘形	动作	速度	卫生	节约	合计
标准分（百分制）	15	20	20	20	5	5	5	5	5	100
扣分										
实得分										

8）能力拓展

荷叶粉蒸鸡

原料规格：

鲜嫩仔鸡1只（约1 000克），粳米100克，八角、丁香、桂皮适量，荷叶若干张，精盐3克，酱油10克，味精1克，白糖15克，料酒、麻油适量，胡椒粉2克，郫县豆瓣15克，葱、姜末各10克，鲜汤56克，猪板油20克。

制作方法：

①将仔鸡剁成12块，猪板油切成12块，同放于碗内，加姜、葱、料酒、酱油浸渍半小时。荷叶洗净切成扇面形共14块，去掉背面老筋，放入开水锅略烫，擦干水。粳米淘洗干净。

②炒锅置于火上，放入粳米、八角、丁香、桂皮炒至金黄色盛起，拣去桂皮、八角、丁香，将粳米碾成粗米粉，用粗筛筛去杂质。

③将粳米粉放入碗内，加鲜汤、酱油、白糖、麻油搅成糊状。将浸渍好的鸡块、猪板油放入糊中拌匀，放入垫有一张荷叶的盘内，上面再盖上一张荷叶，然后上笼蒸30分钟至鸡肉酥烂取下。

④将12张荷叶，背面朝上平铺在案板上，将蒸好的鸡肉平放在荷叶上，包成长方形，

整齐地排列在盘中。上笼蒸5分钟取出，抹上麻油即成。

成品特点：

荷叶墨绿，略带清香，鸡肉软嫩，味浓鲜美。

任务19 酥炸油鸡

图2.19 酥炸油鸡

1）任务

学习制作酥炸油鸡。

2）目标

了解酥炸油鸡的用料规格和制作过程，掌握其制作要点。

3）用料规格

熟卤鸡1只（1 000克），鸡蛋3个，面粉50克，番茄酱25克，味精1克，麻油15克，辣酱油50克，熟猪油750克。

4）制作方法

①将熟卤鸡放砧板上，用刀斩断颈骨，断下鸡头，在鸡腚两边各划一刀。再从尾部沿着脊背直划至颈部，鸡脯向上，在肚裆两边划至背部刀口处，用手向外掰，卸下两腿，剔去腿骨和胸脯肉及肢骨成4块（留下翅尖和鸡头）。将鸡脏从躯干骨上断下，连同鸡牙肉一起放盘内，躯干骨及其他碎肉另作别用。

②鸡蛋磕入碗内，用1个全蛋，2个蛋黄，剩余蛋清作别用，加面粉、味精及麻油搅拌成蛋粉糊待用。

③炒锅置于火上，舀入熟猪油，烧至六成热时，将鸡脯、腿、牙肉蘸满蛋糊放入锅内，炸至淡黄色时用漏勺捞出。再将鸡头、鸡腚、鸡翅放入油锅内略炸，捞出，待油烧至八成热时，将鸡肉入锅重炸，炸至金黄色离火，用漏勺捞出，放入盘中。

④将鸡肉放砧板上，切成一字条，装盘，鸡头一劈两开与鸡翅、腚一起镶上，摆成整鸡形，盘边放番茄酱。辣酱油倒入小碟内随同上桌。

5）制作要点

剔鸡时，下刀部位一定要准确，保持鸡肉整齐。

6）成品特点

表皮酥脆，肉味鲜香。

7）任务评价

项目＼分数＼指标	刀工	口感	色泽	口味	盘形	动作	速度	卫生	节约	合计
标准分（百分制）	15	20	20	20	5	5	5	5	5	100
扣分										
实得分										

8）能力拓展

香酥鸡腿

用料规格：

油鸡腿12只，八角10克（大料），小茴香15克，桂皮25克，酱油15克，白糖25克，糖色25克，黄酒25克，大葱段50克，生姜片25克，精盐5克，味精5克，色拉油1 000克（实耗100克），淀粉50克，辣椒酱40克，花椒盐25克，芝麻油10克。

制作过程：

①将油鸡腿除尽绒毛，洗净后，用洁布吸干水，放入盛器内。用精盐、白糖、味精、酱油、芝麻油搽抹鸡腿。然后放入黄酒、八角、小茴香、桂皮、大葱段、生姜片，入锅，隔水蒸烂后，取出，滗去汁水，沥干，待用。

②炒锅置于火上烧热，放入色拉油，烧至八九成热时，放入鸡腿。用旺火炸至鸡腿呈金红色时，倒入漏勺，沥去油，鸡腿逐个炸透，装盘即成。花椒盐、辣椒酱装入小味碟作为蘸料。

成品要求：

呈金黄色，香酥松脆，清香可口。

任务20 嫩尖咸肉鸭腿煲

1）任务

学习制作嫩尖咸肉鸭腿煲。

图2.20 嫩尖咸肉鸭腿煲

2）目标

了解嫩尖咸肉鸭腿煲的用料规格和制作过程，掌握其制作要点。

3）用料规格

鸭腿1只，咸肉150克，嫩尖500克，红枣两颗，盐适量，小葱两棵，姜1块，料酒

10克。

4）制作方法

①最好选用麻鸭腿。

②咸肉和嫩尖分别用冷水泡6小时，充分泡去盐分后洗净。

③小葱打结，姜拍松，咸肉切厚片，红枣从中间划开。

④嫩尖去老皮、老节。

⑤冷水下料酒，鸭腿焯一下水晾凉。

⑥取一大砂锅，加冷水下鸭腿、咸肉、葱结、姜块和红枣，中火烧开，撇去浮沫。

⑦加盖，然后用小火将鸭腿、咸肉等炖制1个半小时，拣去葱、姜。

⑧另取一小砂煲，将炖过的鸭腿、咸肉在煲中码好，下嫩尖，在煲中加满原汤，中火炖20分钟，用适量的盐调味。原汤中的红枣放在汤菜上面上桌。

5）制作要点

咸肉和嫩尖都是腌制的，要充分泡去盐分。在炖制过程中，咸肉和嫩尖中没被水泡出的盐分会释放到汤中，掌握得好不需要另外加盐调味。

6）成品特点

肉片鲜嫩，汤清汁醇。

7）任务评价

项目 \ 分数 指标	刀工	口感	色泽	口味	盘形	动作	速度	卫生	节约	合计
标准分（百分制）	15	20	20	20	5	5	5	5	5	100
扣分										
实得分										

8）能力拓展

淮山鸭羹

原料规格：

淮山药400克，熟鸭肉40克，火腿末40克，蛋糕丁40克，虾米10克，青蒜丝5克，葱、姜各5克，鸡汤1 000克，精盐10克，鸡精10克，胡椒粉10克，湿淀粉20克，熟猪油50克，芝麻油10克。

制作方法：

①将山药蒸熟后，去皮，和熟鸭肉均切成小丁。

②将葱、姜放入锅内炸香，加山药丁、鸭肉丁、火腿末、蛋糕丁、虾米、鸡汤，烧开后，用湿淀粉勾芡，淋熟猪油，装碗，淋芝麻油，撒胡椒粉、青蒜丝即成。

成品特点：
山药软糯，鸭肉酥烂，羹汤香浓烫鲜。

任务21　笔杆鸡

1）任务

学习制作笔杆鸡。

图2.21　笔杆鸡

2）目标

了解笔杆鸡的用料规格和制作过程，掌握其制作要点。

3）用料规格

生鸡脯肉150克，猪网油150克，水发冬菇10克，火腿10克，鸡蛋（2个）清，精盐2克，花生油15克，黄酒10克，味精2克，清鸡汤50克，鸡油10克，湿淀粉20克，色拉油500克（实耗50克）。

4）制作方法

①将鸡脯肉切成细丝，放入碗内，加鸡蛋清、精盐、湿淀粉搅匀浆起。火腿、冬菇均切成长丝待用。

②将猪网油洗净晾干，平铺在案板上，将鸡蛋清、湿淀粉搅成蛋浆，涂于猪网油上。将鸡丝摆在猪网油的一边，卷成两圈，切成5厘米长的段，涂上蛋浆，摆在抹过色拉油的盘内。在碗中放入黄酒、清鸡汤、精盐、味精、湿淀粉制成调味汁待用。

③炒锅上火，舀入色拉油，烧至四成热时放入鸡卷，用手勺慢慢推动，鸡卷呈乳白色时倒入漏勺内沥油。

④炒锅复上火，舀入少许色拉油，投入冬菇、火腿略炒，放入鸡卷，倒入调味汁，颠翻几下，起锅装盘后浇上鸡油即成。

5）制作要点

①猪网油鸡卷的大小粗细要一致，卷起后应搁置片刻再下油锅。
②滑油时要掌握好油温，颠翻鸡卷时动作要轻，以防脱浆、松散。

6）成品特点

色呈乳白，鲜嫩润滑。

7）任务评价

项目 \ 分数 \ 指标	刀工	口感	色泽	口味	盘形	动作	速度	卫生	节约	合计
标准分（百分制）	15	20	20	20	5	5	5	5	5	100
扣分										
实得分										

8）能力拓展

灯笼野鸭

用料规格：

野鸭脯肉300克，熟冬笋20克，红辣椒20克，胡萝卜20克，姜米5克，葱花8克，酱油10克，白糖6克，精盐4克，黄酒15克，红曲米水10克，芝麻油10克，鲜汤20克，湿淀粉10克，精炼油100克。

制作方法：

①将野鸭脯肉剞上十字花刀，切成1厘米见方的丁，放入清水中泡20分钟，捞出沥去水分，加入精盐、黄酒、湿淀粉拌和均匀。将熟冬笋、红辣椒、胡萝卜切成丁。

②炒锅置于火上，倒入精炼油，放入野鸭肉丁煸炒至变色。加入黄酒、红曲米水、鲜汤、酱油、白糖，略焖，装入盘中。

③炒锅复置于火上，倒入精炼油，放入红辣椒、胡萝丁、笋丁、姜米、葱花等煸炒，倒入野鸭肉丁合炒，待汁稍浓时用湿淀粉勾芡，翻拌均匀，淋入芝麻油，装入玻璃纸做成的灯笼中，排入盘中即成。

成品特点：

造型美观，亮油包芡，野鸭肉细嫩。

任务22　虫草鸭子

图2.22　虫草鸭子

1）任务

学习制作虫草鸭子。

2）目标

了解虫草鸭子的用料规格和制作过程，掌握其制作要点。

3）用料规格

净嫩肥壮鸭1只（约1 750克），虫草20克，黄酒15克，葱结、姜块（拍松）各10克，细盐、味精各3克，鲜汤适量。

4）制作方法

①将净鸭去掉舌、掌（另作他用），从鸭颈背面顺长割一刀，去除鸭嗉。再在鸭背面尾部横割一刀，挖除内脏，去掉尾部鸭臊，然后洗净，放入沸水锅中焯水，除净血腥水，盛在蒸钵内。

②用温水将虫草浸泡约10分钟，用手轻轻搓洗去除泥沙杂质后洗净捞出。

③将鸭腹朝上，用尖头竹签在鸭腹部上斜戳多个小孔，孔深约1.2厘米。再将虫草头部（粗的一端）一根根地插入鸭腹上戳好的孔内，虫草尾部露在外面。虫草全部插好后，将鸭腹朝下，装入大扣碗中加黄酒、葱结、姜、鲜汤浸没，先用大火烧开，再用小火炖2小时，至骨骼翘裂为度。

④上桌时，把鸭腹朝上，放在大汤碗中，拣去葱、姜，加少许细盐、味精调好鲜咸味即成。

5）制作要点

剔除鸭臊，用沸水焯鸭，去净鸭腥鸭臊。

6）成品特点

鸭肥肉酥，汤清味鲜。

7）任务评价

项目 \ 分数 \ 指标	刀工	口感	色泽	口味	盘形	动作	速度	卫生	节约	合计
标准分（百分制）	15	20	20	20	5	5	5	5	5	100
扣分										
实得分										

8）能力拓展

笋干老鸭煲

用料规格：

隔年老鸭1 500克，笋干200克，陈年火腿100克，粽叶50克，药料包10克，高汤1 000克，葱、姜、精盐、味精、黄酒等适量。

制作方法：

①将老鸭宰好，毛煺净，放入沸水锅中焯去血污，挖掉鸭臊，洗净。

②将粽叶、老鸭、笋干、火腿放入砂锅，加入葱、姜、黄酒、高汤、老鸭原汤、药料包，用文火炖4～5小时，拣去粽叶、葱、姜，用精盐、味精调好味即可。

成品特点：

汤醇味浓，油而不腻，酥而不烂。

任务23　竹荪氽鸡片

图2.23　竹荪氽鸡片

1）任务

学习制作竹荪氽鸡片。

2）目标

了解竹荪氽鸡片的用料规格和制作过程，掌握其制作要点。

3）用料规格

水发竹荪200克，净鸡肉300克，熟火腿（片）50克，熟笋片25克，菜心50克，水发香菇250克，精盐2克，胡椒粉0.5克，料酒10克，湿淀粉10克，清鸡汤1 500克，鲜汤1 000克，花生油25克。

4）制作方法

①将鸡肉切成长约4厘米、宽约3厘米、厚约1.5厘米的片，加精盐，拌入湿淀粉上浆。

②将水发竹荪、菜心、水发香菇分别放入沸水锅焯水约30秒。

③用中火烧热炒锅，下花生油，烹入料酒，加鲜汤、精盐，下竹荪、香菇煨约1分钟，倒入漏勺沥去汤，连同菜心、熟笋片一起放入碗中。

④将鲜汤下锅，烧沸后徐徐放入鸡片，氽1分钟至熟，取出，沥去水，放在竹荪等辅料上面。再把熟火腿片放在鸡片上，撒上胡椒粉，用中火烧热炒锅，放入清鸡汤，烧沸后，撇去浮沫，盛在碗中即可。

5）制作要点

鸡片要薄，浸泡至白，现氽现浆。竹荪要焯水，汤汁要清。

6）成品特点

鸡肉白嫩，竹荪爽滑，汤清味鲜。

7）任务评价

项目＼分数＼指标	刀工	口感	色泽	口味	盘形	动作	速度	卫生	节约	合计
标准分（百分制）	15	20	20	20	5	5	5	5	5	100
扣分										
实得分										

8）能力拓展

茉莉花氽鸡片

用料规格：

鸡脯肉150克，新鲜茉莉花数朵，鸡蛋1个，精盐1克，清鸡汤500克，淀粉15克。

制作工艺：

①将鸡脯肉去筋络批成柳叶薄片，再用清水浸泡，去血水，另将茉莉花摘去花蒂待用。

②将鸡片捞出沥水后放入容器内，加精盐、味精拌上劲后放入半个蛋清打散，再拌入鸡片，然后用适量的干淀粉拌匀待用。

③将清鸡汤倒入锅中用旺火烧沸，再转小火将鸡片分散下锅，一氽即捞出放入碗内，汤加调味品并撇去浮沫。

④将茉莉花用开水烫一下，捞出花瓣放入鸡片碗中，将调好味的汤倒入碗内即成。

成品要求：

鸡片细嫩，汤汁味鲜，花香浓郁。

任务24　捶烩鸡片

1）任务

学习制作捶烩鸡片。

2）目标

了解捶烩鸡片的用料规格和制作过程，掌握其制作要点。

图2.24　捶烩鸡片

3）用料规格

鸡胸脯肉300克，玉兰片（水发）50克，香菇（水发）20克，火腿（片）50克，绿豆面25克，淀粉（蚕豆）10克，花生油50克，味精3克，黄酒15克，葱油15克，芝麻油5克，精盐5克，清汤适量。

4）制作方法

①将鸡胸脯肉剔净脂皮、白筋，片成0.4厘米厚的大片，然后改成2厘米见方的方片。

②将绿豆面撒在鸡片上。

③用木枪将鸡片逐片捶成0.15厘米的薄片。

④水发玉兰片、水发香菇、火腿均切成薄片。

⑤炒锅置于中火上，放入花生油，烧至五成热时，将捶好的鸡片下入油锅中滑透，捞出沥油。

⑥炒锅内加葱油，置旺火上烧至七成热，将玉兰片、香菇下入锅内略加煸炒，加入清汤、精盐、黄酒、味精、火腿片烧开。

⑦撇净浮沫，将鸡片放入，见开后用湿淀粉勾芡，淋上芝麻油，盛于汤碗中即成。

5）制作要点

捶打鸡片要充分，配料煸炒要入味。

6）成品特点

洁白光亮，软嫩滑爽，咸鲜适口，回味隽永。

7）任务评价

项目 \ 分数 \ 指标	刀工	口感	色泽	口味	盘形	动作	速度	卫生	节约	合计
标准分（百分制）	15	20	20	20	5	5	5	5	5	100
扣分										
实得分										

8）能力拓展

苏州卤鸭

用料规格：

净新鸭1只（约1 500克），黄酒20克，冰糖20克，精盐5克，酱油8克，八角2颗，红曲粉10克，姜片10克，葱段10克，桂皮1块，芝麻油10克，湿淀粉5克。

制作方法：

①将鸭去内脏，斩去脚，放入沸水中烫一下洗净，放入有竹箅垫底的锅中，加入清水，盖上锅盖，置于旺火上烧沸，撇去浮沫。加红曲粉、酱油、精盐、黄酒、冰糖、桂皮、八角、葱段、姜片，用大圆盘压住鸭身，盖上锅盖用中火烧约1小时。再将鸭上下翻动，焖约1小时，取出，鸭腹朝上置大盘内晾凉。

②将部分卤汁倒入锅内，置旺火上烧至黏稠，用湿淀粉勾芡，淋入芝麻油，盛入碗中晾凉。

③将卤鸭改刀装盘，拼摆成鸭形，浇上卤汁即成。

成品特点：

色泽枣红，皮肥不腻，肉质鲜嫩，香酥入味，味道醇厚。

任务25　掌上明珠

1）任务

学习制作掌上明珠。

图2.25　掌上明珠

2）目标

了解掌上明珠的用料规格和制作过程，掌握其制作要点。

3）用料规格

鸭掌10个，青虾仁150克，鹌鹑蛋10个，猪肥膘肉25克，鸡蛋清25克，香菜末、火腿末各少许，鸡油15克，精盐3克，味精5克，料酒15克，葱姜水少许，面粉少许，湿淀粉70克，鸡汤80克。

4）制作方法

①将鹌鹑蛋放入凉水锅中烧开后，用小火煮5分钟，再将其捞出放于冷水中，剥去蛋壳。鸭掌煮熟后去骨，将筋扦断，用料酒、精盐拌匀稍腌一下。把青虾仁与猪肥膘肉一起剁成蓉，并放入精盐、味精、鸡蛋清、葱姜水和料酒以及湿淀粉搅匀成虾肉泥。

②将鸭掌蘸些面粉，再将虾肉泥挤成的小丸子放在上面，用尺子抹平。然后将鹌鹑蛋按在其中，两边粘上火腿末、香菜末，码入盘中，上屉蒸透即成“掌上明珠”。

③炒勺置于火上，放入鸡汤，加入精盐、料酒、味精，汤烧开后放入适量湿淀粉勾成芡汁，淋入鸡油浇在盘中的“掌上明珠”上即可。

5）制作要点

鸭掌拆骨应注意其完整性，虾丸要放准位置。

6）成品特点

造型美观，掌白珠亮，鲜香可口。

7）任务评价

项目 \ 分数 \ 指标	刀工	口感	色泽	口味	盘形	动作	速度	卫生	节约	合计
标准分（百分制）	15	20	20	20	5	5	5	5	5	100
扣分										
实得分										

8）能力拓展

烩蛋饺

用料规格：

鸡蛋400克，猪肉（瘦）25克，油菜心10克，香菇（鲜）25克，肥膘肉5克，葱5克，姜5克，黄酒5克，味精2克，熟猪油50克，精盐2克，淀粉（豌豆）3克，清鸡汤适量。

制作方法：

①将熟猪肉（剁成）蓉放在碗内，加葱、姜、精盐、味精，拌和成肉馅待用。

②鸡蛋磕入碗内，加精盐、味精搅匀。铁勺放炉火上烧热，离火后用肥膘肉在勺内擦匀，使勺壁光滑。再用汤匙将蛋汁舀入勺内，手持勺柄，在炉火上晃动，摊成圆形蛋皮，将肉馅包入蛋皮中，制成蛋饺，上笼蒸熟后取出待用。

③炒锅置于火上烧热，放入熟猪油，再放入油菜心焐透，沥油。锅复置于火上，放入清鸡汤、香菇、油菜心、蛋饺烧沸，加精盐、味精，用水淀粉勾芡，加猪油装盘即成。

成品要求：

蛋饺软嫩，菜心翠绿，色泽悦目美观，味鲜咸爽口。

任务26 馄饨鸭

图2.26 馄饨鸭

1）任务

学习制作馄饨鸭。

2）目标

了解馄饨鸭的用料规格和制作过程，掌握其制作要点。

3）用料规格

净嫩鸭1只（约2 000克），猪夹心肉100克，白馄饨皮24张，黄酒50克，酱油50克，盐5克，白糖5克，葱（打结）两根，姜片20克，味精5克，麻油15克。

4）制作方法

①将猪夹心肉洗净去皮，斩成蓉，放在碗中，加酱油、味精、白糖、盐、麻油拌和成馅，包入白馄饨皮。

②将净嫩鸭剖开背骨，取出内脏，洗净后放在沸水中烫一下，再放在清水中漂洗。

③大砂锅底部放一个竹垫，将净嫩鸭胸脯朝下地放在竹垫上，加葱结、姜片、黄酒、清水（清水要淹没嫩鸭），置于旺火上烧开，撇去浮沫后盖上锅盖，改用小火炖3小时左右。

④待嫩鸭酥烂后，揭开锅盖，拣去葱结与姜片，取出竹垫，将嫩鸭翻身，胸脯朝上，加盐烧沸。锅中放清水，将馄饨放入，用旺火煮熟后，捞出放入大砂锅中即成。

5）制作要点

鸭子用小火慢炖，防止汤汁浑浊。

6）成品特点

馄饨皮滑肉鲜，鸭肉酥烂脱骨，汤清味醇。

7）任务评价

分数 指标 项目	刀工	口感	色泽	口味	盘形	动作	速度	卫生	节约	合计
标准分（百分制）	15	20	20	20	5	5	5	5	5	100
扣分										
实得分										

8）能力拓展

鸡包鱼翅

用料规格：

水发鱼翅250克，仔母鸡1只（约750克），火腿25克，冬笋25克，猪肉100克，菠菜心25克，猪油25克，酱油10克，胡椒1克，盐10克，料酒15克，姜、葱各15克，鸡油10克，高汤25克。

制作方法：

①仔母鸡宰杀去毛后，从翅根开口去掉内脏，洗净后取出腿骨和颈骨待用。水发鱼翅洗净入沸水锅氽两次，去腥味。再加姜、葱、料酒入沸水锅中烧沸，下鱼翅连氽两次捞出待用。

②火腿、冬笋切成粗丝，与鱼翅拌和均匀，装入鸡腹内。再用一块干净纱布把鸡包好放入盘内，开口处向上。猪肉洗净后切成3.3厘米长的条块，再将鸡腿骨、颈骨斩成3.3厘米长的段。

③炒锅置于火上，加猪油烧至五成热，倒入猪肉、鸡骨，加酱油、胡椒、盐、料酒、姜、葱和高汤，烧开后去掉泡沫倒入烧锅。再将包好的鸡放入锅中，待沸后，用小火煨至鸡包鱼翅酥烂时捞出，去掉纱布，将鸡摆于盘中，周围上汆熟的菠菜心。将烧鸡的原汁滗入铁锅烧浓，淋入鸡油，起锅淋于鸡上即成。

成品要求：

颜色鲜艳，形态美观，鱼翅浓香，鸡鲜酥烂。

任务27　啤酒鸭

图2.27　啤酒鸭

1）任务

学习制作啤酒鸭。

2）目标

了解啤酒鸭的用料规格和制作过程，掌握其制作要点。

3）用料规格

鲜鸭肉500克，甜豆5克，辣椒5克，姜10克，蒜头5克，八角2粒，桂皮3克，丁香1个，啤酒1瓶，酱油10克，盐8克，白糖6克，高汤30克，食用油70克，白胡椒粉1克，芡粉5克。

4）制作方法

①先将鸭肉洗净，再剁成6厘米见方的块。甜豆撇去两头纤丝，姜切成片，蒜头用刀拍松，辣椒切成丝。

②锅置于火上，放入食用油，将鸭块入锅炒至出油，加入姜片、八角、桂皮、丁香、蒜头，把这些调料炒出香味，加入啤酒和高汤，烧沸后，再加入盐、白糖、酱油。

③调好味道后改小火，焖30分钟，再加入甜豆、辣椒丝，撒上白胡椒粉，稍微勾芡，出锅，盛盘上桌。

5）制作要点

鸭块要炒出油，调味后才焖制。

6）成品特点

滋补养颜，香醇可口。

7）任务评价

项目＼分数＼指标	刀工	口感	色泽	口味	盘形	动作	速度	卫生	节约	合计
标准分（百分制）	15	20	20	20	5	5	5	5	5	100
扣分										
实得分										

8）能力拓展

清炖全鸡

用料规格：

肥嫩母鸡1只，水发香菇15克，精盐6克，味精3克，姜片2克，绍酒20克。

制作方法：

①将鸡宰杀煺毛，从背部剖开，掏出内脏，洗净，在沸水锅中烫过。鸡腹部向上，头盘向身旁，脚剁去爪尖，屈于内侧，放入炖钵内。

②鸡背上放水发香菇，加入精盐、味精、清水与少许绍酒。用棉纸或牛皮纸将炖盅封严，上蒸笼用旺火蒸20分钟后改中火蒸2小时取出，移入汤碗上席。

成品要求：

鸡肉软烂爽滑，汤清汁甘，不油不腻，香醇鲜美。

任务28　黄焖鸡翅

1）任务

学习制作黄焖鸡翅。

图2.28　黄焖鸡翅

2）目标

了解黄焖鸡翅的用料规格和制作过程，掌握其制作要点。

3）用料规格

鸡翅20只（约600克），水发香菇20克，料酒30克，葱段100克，白糖15克，姜米5克，酱油50克，味精3克，花生油500克（实耗50克），清鸡汤500克，熟猪油30克，葡萄酒15克。

4）制作方法

①用刀在鸡翅骨处切断，斩去翅尖后洗净，沥去水。

②炒锅上火烧热，舀入花生油烧至七成热时，放入鸡翅炸制金黄色，用漏勺捞出待用。

③取锅置于火上烧热，放入熟猪油，下葱段及姜米，煸香，再放入鸡翅，加白糖、酱油、料酒，烧至鸡翅上色。然后加入清鸡汤烧沸，撇去浮沫后装入砂锅中，盖上砂锅盖，开小火将鸡翅焖至酥烂后离火，捞出鸡翅。

④另取1只砂锅，将小翅排在锅底，然后把大翅沿锅边整齐围排成菊花形。再倒入原汤汁，加入葡萄酒及少量味精。

⑤砂锅置于火上烧热，后加入猪油烧至六成热时，放入葱段炒香。再放入香菇煸一下，倒入砂锅中，盖上砂锅盖，置小火焖至5分钟即成。

5）制作要点

炸制鸡翅时需注意火候，焖制需分两个步骤。

6）成品特点

色泽红亮，翅肉酥烂，汤汁醇美，香味扑鼻。

7）任务评价

项目 \ 分数 \ 指标	刀工	口感	色泽	口味	盘形	动作	速度	卫生	节约	合计
标准分（百分制）	15	20	20	20	5	5	5	5	5	100
扣分										
实得分										

8）能力拓展

红酥鸡

用料规格：

仔鸡1只，猪精肉100克，虾仁100克，豌豆苗100克，鸡蛋100克，酱油30克，糖、料酒、姜块、葱段、干芡粉、盐、湿芡粉各15克，味精2克，麻油适量。

制作方法：

①将猪精肉、虾仁分别剁成蓉，放入碗中加入鸡蛋，留鸡蛋（1个）清，加盐、糖、料酒、干芡粉，打上劲。另取1只碗，鸡蛋（1个）清加干芡粉制成蛋清糊备用。

②仔鸡去鸡胸骨、腿骨，留鸡脯肉和腿肉，皮朝下，用刀轻排斩，不要破皮。将蛋清糊抹在肉面上，再抹上虾肉馅，用手抹平，再抹上一层蛋清糊，制成生坯。

③炒锅置于火上，加入油，烧至六成热，将生坯入锅炸至金黄色捞出。将锅内油倒

出，锅中加入炸好的鸡块，放酱油、葱、姜、清水，淹没鸡块。烧沸后加入料酒，盖上锅盖小火焖20分钟，上旺火收汁至浓稠取出鸡块改斜刀成厚片。排入碗中，倒入原卤，上笼蒸20分钟。炒锅上火，放入油、豌豆苗、盐，炒熟备用。

④炒锅上火，取出蒸好的鸡肉，将卤汁倒入锅中。鸡肉扣在大圆盘中间，豌豆苗围在盘的四周，卤汁烧开勾芡，淋入麻油浇在鸡肉上即可上桌。

成品要求：

鸡肉色泽金黄，酥嫩鲜香，豆苗翠绿，咸甜可口。

任务29　八宝鸭

1）任务

学习制作八宝鸭。

2）目标

了解八宝鸭的用料规格和制作过程，掌握其制作要点。

图2.29　八宝鸭

3）用料规格

嫩鸭1只，糯米120克，豌豆30克，火腿75克，虾仁75克，冬笋40克，栗子（鲜）50克，干贝50克，鸡肫50克，香菇（干）30克，鸡肉50克，酱油50克，葱10克，姜10克，味精5克，白糖10克，熟猪油适量，料酒10克，水淀粉适量。

4）制作方法

①将嫩鸭从背脊劈开，抽去气管、食管，挖去内脏，剪去鸭脚。将整只鸭放进沸水锅中焯水后捞出，洗净，揩去水。再抹上酱油、料酒、白糖等调料，鸭腹朝上扣入大碗中。

②火腿、冬笋、干贝、水发香菇均切成丁。栗子去壳，取肉切丁。鸡肫、鸡肉分别洗净，均切丁。糯米淘洗干净，加水蒸熟。

③烧热炒锅放入猪油，将葱、姜下锅略煸一下。烹入料酒，投入香菇丁、笋丁、火腿丁、栗子丁、干贝丁、鸡丁，加入酱油、白糖，烧入味。再放入糯米饭拌和，将其填入鸭腹内，入锅焖烂后取出，覆在大圆盘中。将原卤滗入锅中，投入虾仁、豌豆，烧开后用水淀粉勾芡，淋上明油，浇在鸭上即成。

5）制作要点

选用肥壮嫩鸭为宜，把握好焖制时间。

6）成品特点

汤汁肥浓，鸭卤酥烂，香气四溢，滋味鲜美。

7）任务评价

指标/分数/项目	刀工	口感	色泽	口味	盘形	动作	速度	卫生	节约	合计
标准分（百分制）	15	20	20	20	5	5	5	5	5	100
扣分										
实得分										

8）能力拓展

富春鸡

用料规格：

仔母鸡1只（约750克），熟鸡蛋100克，笋片25克，水发香菇15克，鸡肫肝50克，酱油25克，绍酒35克，白糖15克，葱25克，姜25克，精盐10克，芝麻油25克，花生油1 000克（实耗125克）。

制作方法：

①将仔母鸡洗净，从其腋下开口，取出内脏，洗净，连同鸡肫肝一起放入水锅中，煮熟捞出。

②将锅置于火上，舀入花生油，烧至七成热（约200 ℃）时，将鸡投入锅中炸至金黄色捞出，把鸡蛋放入锅中炸至表面起皱纹，葱炸成金黄色。

③将鸡、肫肝、鸡蛋放入有竹箅垫底的砂锅内，加入酱油、绍酒、白糖、葱、姜，舀入清水淹没鸡身，上旺火烧沸。撇去浮沫，压上平盘加盖，移至微火上焖1小时30分钟离火，去掉竹箅、葱、姜，捞出肫肝切片。

④将香菇、笋片相间地放在鸡身上，放入精盐，再将砂锅置于火上烧沸，淋芝麻油即成。

成品特点：

色呈酱红，油光可鉴，鸡蛋酥香。

任务30 葫芦鸡腿

图2.30 葫芦鸡腿

1）任务

学习制作葫芦鸡腿。

2）目标

了解葫芦鸡的用料规格和制作过程，掌握其制作要点。

3）用料规格

仔公鸡大腿10只，海参米100克，肫肝米100克，冬笋米100克，熟猪油100克，香菇米100克，熟瘦火腿米100克，绿叶菜100克，葱10克，姜5克，绍酒20克，精盐5克，味精2克，酱油50克，白糖10克，湿淀粉10克，鸡汤1 000克，花生油1 000克（实耗50克）。

4）制作方法

①炒锅置于火上，放入花生油，将配料（海参米、肫肝米、冬笋米、香菇米、熟瘦火腿米）炒制成馅。鸡腿去骨，在鸡腿中灌入馅心，用棉线扎成葫芦形（葫芦鸡腿坯），加调料（绍酒、精盐、味精、酱油、白糖）腌制，放入锅中油炸至上色。

②另起锅放入葱、姜炸香后，加葫芦鸡腿坯、鸡汤、精盐、白糖焖至酥烂，取出。拆去线，排放在盘的四周。

③原卤用湿淀粉勾芡，淋熟猪油在鸡腿上，盘中间放上炒熟的绿叶菜即成。

5）制作要点

馅心不可灌得太足，扎鸡腿时略松。

6）成品特点

形似葫芦，鸡腿酥烂，馅心鲜香。

7）任务评价

项目 \ 分数 \ 指标	刀工	口感	色泽	口味	盘形	动作	速度	卫生	节约	合计
标准分（百分制）	15	20	20	20	5	5	5	5	5	100
扣分										
实得分										

8）能力拓展

黄泥煨鸡

用料规格：

三黄（黄嘴、黄脚、黄毛）母鸡1只（约1 250克），虾仁、冬菜末、火腿丁、香菇丁各50克，猪肉丁150克，鸡肫100克，葱段、姜汁各25克，绍酒、酱油各100克，虾米16克，味精1克，精盐200克，猪网油250克，鲜荷叶4张，熟猪油80克，芝麻油10克，芝麻酱10克，白糖50克。

制作方法：

①将三黄母鸡宰杀，煺尽毛，在翅膀下开一个长约3厘米的小口，挖出内脏，切除肛门，洗净晾干。再用刀背拍断鸡脚、翅膀、腿骨、颈骨，放入钵里。然后加酱油、绍酒、

精盐、葱段和姜汁各少许，腌30分钟。

②将鸡肫切成片，炒锅置于火上，放猪油烧至五成热。先下葱段、姜片炒香，再将肫片、虾仁、冬菜末、猪肉丁、火腿丁、香菇丁、虾米等配料倒入锅中炒和。加绍酒、酱油、味精、白糖适量，至配料刚熟时起锅倒入碗内。

③将配料从鸡翅下刀口放入腹内，然后将鸡头塞进开口处。

④将葱切成细蓉，拌上少许猪油。然后涂遍鸡身，并用猪网油将鸡包好。再用荷叶包严，用绳子扎成椭圆形。

⑤将封酒坛的黄泥敲碎，加精盐、绍酒和水拌和成厚糊放在湿布上（黄泥厚约3厘米），在黄泥中间放上捆好的鸡。将湿布四角拎起，把鸡包紧，然后揭去湿布，改用废纸包裹。

⑥用竹签在泥面上戳一小孔，以供烘烤时排出热气，防止泥层破裂。

⑦将包好的鸡放进烘箱，用旺火烘烤40分钟，使黄泥烘干，取出。用湿泥将小孔涂没，再入烘箱烘烤30分钟后，改用文火煨（每隔20分钟将鸡翻一次身），烘煨4～5小时即熟。

⑧食用前先敲掉泥壳，除去小绳和荷叶，将鸡装盘，淋芝麻油少许，带芝麻酱、葱白段供蘸食。

成品要求：

皮色黄亮，鸡肉酥嫩，上筷骨肉即离。

任务31　黄酒煨鸭

图2.31　黄酒煨鸭

1）任务

学习制作黄酒煨鸭。

2）目标

了解黄酒煨鸭的用料规格和制作过程，掌握其制作要点。

3）用料规格

北京填鸭（嫩肥鸭）1只（约重2 000克），小葱25克，姜片20克，鲜红尖椒2个，净香菜头25克，香菜叶10克，料头花（胡萝卜花刀片）5克，冬笋10克，黄瓜皮10克，绍酒1 000克，水发海米50克，老抽酱油10克，精盐5克，味精10克，胡椒粉2克，上汤1 000克，湿淀粉15克，冰糖15克，花生油10克。

4）制作方法

①将冬笋、黄瓜皮切成菱形片与料头花一起焯水，过凉待用。将鸭子从背部劈开，去内脏、鸭臊，切下鸭爪、大梁骨，斩断鸭颈，冲洗干净。用老抽酱油、绍酒、湿淀粉、水各少许调匀，将鸭身与鸭头、颈涂匀上色至淡黄色，下入花生油烧至八成热，炸至表面呈

金黄色，起出沥油。将鲜红尖椒破开去籽，与小葱、姜片、净香菜头、水发海米和飞过水的鸭梁骨、鸭爪用竹箅夹好，入锅垫底。

②将锅置于火上，放入鸭身、鸭头、鸭颈，下入绍酒、上汤，略淹过鸭子，加入精盐、胡椒粉、冰糖和老抽酱油调色（使汤呈浅红色为宜）。用大瓷盘扣在鸭上，盖上盖烧开后，改用文火煨30分钟，翻后再煨1小时，待鸭子烧至软烂，取出改块入盘。将鸭头、鸭翅等码好成整鸭形，将竹箅及配料鸭梁骨、鸭爪去掉，将原汁打去浮油调入味精烧沸，下入料头花、冬笋、黄瓜皮片勾芡，浇在鸭上，摆好料头花，撒上香菜叶即成。

5）制作要点

馅心不可灌得太多，扎鸡腿时略松。

6）成品特点

形似葫芦，鸡腿酥烂，馅心鲜香。

7）任务评价

项目＼分数＼指标	刀工	口感	色泽	口味	盘形	动作	速度	卫生	节约	合计
标准分（百分制）	15	20	20	20	5	5	5	5	5	100
扣分										
实得分										

8）能力拓展

鸡蓉煨海参

用料规格：

海参（水浸）100克，鸡胸脯肉150克，鸡蛋清20克，料酒20克，葱汁10克，姜汁10克，精盐4克，味精3克，胡椒粉1克，熟猪油40克，鸡油10克，姜5克，大蒜（白皮）5克，清汤1 000克，淀粉适量。

制作方法：

①将海参洗净顺长切成4条，鸡胸脯肉斩成细蓉泥，锅内加水烧开，下入海参焯透捞出。

②鸡蓉内加料酒、葱姜汁、精盐、味精、胡椒粉、熟猪油、清汤，顺一个方向充分搅匀上劲。

③锅内加清汤烧热。将海参逐条挂上一层鸡肉蓉，下入汤锅内，小火氽熟捞出。

④另将锅内加熟猪油，加姜蒜末炝香。加入清汤。下入鸡蓉、海参、料酒、精盐、葱汁、姜汁烧开。煨至入味，再加味精，勾薄芡，淋鸡油出勺。

成品要求：

色泽洁白，软嫩鲜香。

任务32　野鸭菜饭

图2.32　野鸭菜饭

1）任务

学习制作野鸭菜饭。

2）目标

了解野鸭菜饭的用料规格和制作过程，掌握其制作要点。

3）用料规格

野鸭1只（约600克），老母鸡500克，鸭肫肝50克，猪五花肉100克，四味蔬菜（即青菜、冬笋、雪里蕻、荠菜）各15克，熟火腿丁25克，大米500克，生猪油丁25克，熟猪油100克。

4）制作方法

①将野鸭和老母鸡整理干净，与鸭肫肝、猪五花肉一同下水锅烧沸至断血，捞出洗净，再一同放入锅内；加清水上旺火烧沸，移小火上将鸡、鸭焖至酥烂。冬笋切成丁，青菜切成1厘米长的小段。

②将焖烂的鸭、鸡分别剔骨，猪肉去皮与鸭肫肝一同切成1厘米见方的丁。将鸡汤舀入锅内，倒入淘洗过的大米，放入配料丁，上旺火烧沸，用铲子不停地搅拌，待水分收干后，再铺上荠菜和雪里蕻，盖好锅盖，高火焖20分钟。改小火煮10分钟，揭开锅盖，拣去菜叶，用铲在饭面上先划几条印子，倒入熟猪油搅匀即成。

5）制作要点

原料初加工需精细，火候要把握好，煮制入味。

6）成品特点

饭粒牙黄，食口油润，滋味鲜美，饭菜兼优。

7）任务评价

项目 \ 分数 \ 指标	刀工	口感	色泽	口味	盘形	动作	速度	卫生	节约	合计
标准分（百分制）	15	20	20	20	5	5	5	5	5	100
扣分										
实得分										

8）能力拓展

脆皮烧鸡

用料规格：

豆腐衣100克，面粉100克，酱油20克，精盐2克，味精3克，白糖10克，姜（切末）1克，料酒2克，发酵粉5克，五香粉3克，花生油100克。

制作方法：

①将鲜汤烧热，加入酱油、味精、白糖、五香粉、姜末、料酒等调和成卤汁。再将豆腐衣浸入卤汁中，待其发软，捞出摊在盘上，卷成长条，上笼蒸10分钟取出冷却后，切成16块。

②面粉放在大碗里，加入精盐、味精、发酵粉、水，调成面浆。

③锅置于火上，放入花生油烧至七成热，用筷子将豆腐衣逐块放入面浆里上浆后，入锅浸炸，炸至呈金黄色，即可捞起沥油，排列成馒头形装盘即成。

成品要求：

色泽红亮，酥脆鲜香。

任务33　蛋美鸡

1）任务

学习制作蛋美鸡。

图2.33　蛋美鸡

2）目标

了解蛋美鸡的用料规格和制作过程，掌握其制作要点。

3）用料规格

嫩母鸡1只，熟火腿丁50克，熟鸡脯肉丁50克，熟冬笋丁50克，鸡蛋4个，熟火腿末25克，虾仁75克，水发冬菇丁50克，青菜心6棵，虾子1克，香菜末15克，精盐5克，白糖10克，姜片15克，熟猪油125克，绍酒25克，酱油15克，葱结25克，水淀粉15克。

4）制作方法

①将嫩母鸡脊背剖开，挖出内脏（鸡肫、鸡肝等），鸡肚去胆，鸡腔剖开，剥去内皮，洗净待用。抽掉气管、食管，斩去鸡爪，洗净，放入沸水锅中烫一下，再洗净。将鸡和肫、肝一起放入有竹箅垫底的砂锅中，舀入清水，以能淹没鸡身为宜，加葱结、姜片、绍酒，将砂锅置于中火上烧沸，撇去浮沫，盖上锅盖，移到小火上焖约3小时至酥烂，捞出肫、肝切成丁。将锅置于旺火上烧热，舀入熟猪油，烧至五成热时，放入火腿丁、鸡脯

肉丁、冬菇丁、冬笋丁和肫、肝丁，再加酱油、白糖、虾子，炒熟盛入盘中，分成16份。炒锅置于旺火上烧热，舀入熟猪油，烧至五成热时，放入青菜心，加精盐煸熟，盛入另一盘中。

②将虾仁洗净漂清，沥去水，剁成蓉，放入碗中，加精盐、水淀粉拌匀成虾蓉。将鸡蛋磕入另一只碗中，加精盐调匀成蛋液，摊成直径10厘米左右的蛋皮，摊16张。每张蛋皮中间放上馅心1份，包捏成烧卖，用虾蓉粘住口，再撒上火腿末、香菜末，上笼蒸熟取出。

③取鸡胸脯朝上捞入大汤盘中，蛋烧卖围放在鸡的周围。盘边放上青菜心，将原炒锅鸡汤加精盐烧沸，起锅浇在鸡上即成。

5）制作要点

焖鸡时水勿太多。摊蛋皮时锅要烧热。

6）成品特点

形态饱满，光泽滋润，汤醇汁浓。

7）任务评价

项目 \ 分数 \ 指标	刀工	口感	色泽	口味	盘形	动作	速度	卫生	节约	合计
标准分（百分制）	15	20	20	20	5	5	5	5	5	100
扣分										
实得分										

8）能力拓展

母油船鸭

用料规格：

嫩母鸭1只（约1 500克），猪肥膘肉适量，糯米75克，芡实10克，空心莲15克，白果50克，栗子40克，净鸭肫丁30克，水发香菇片15克，水发香菇丁25克，熟笋片25克，熟笋丁25克，瘦猪肉丁50克，猪板油丁50克，青菜心1棵，猪骨500克，母油15克，黄酒50克，酱油10克，精盐10克，白糖10克，姜片10克，葱段15克，芝麻油10克。

制作方法：

①将母鸭整鸭去骨。

②将糯米淘洗干净，同笋丁、香菇丁、鸭肫丁、猪肉丁、空心莲、芡实、白果、栗子一起放入碗中，加母油拌和，从刀口处填入鸭腹内，用鸭颈皮塞住刀口（鸭头露出一半），成八宝鸭生坯。

③将八宝鸭生坯、鸭骨架、猪骨、猪肥膘肉一起放入沸水中焯水，捞出洗净。将鸭（腹朝下）放入有竹箅垫底的砂锅中，两旁分别放入猪板油丁、猪骨、鸭骨、葱段、姜

片、黄酒、酱油、白糖、精盐，置于旺火上烧沸，撇去浮沫，用圆盘压住鸭身，盖上锅盖，移微火焖约3小时至酥烂。揭去盖，去掉压盘，拣去葱、姜、猪骨、板油丁、竹箅垫，将鸭腹朝上。放入熟笋片、香菇片、青菜心，淋入芝麻油，盖上锅盖，再焖约2分钟，去盖上桌。

成品特点：

色棕红，光泽好，鸭皮肥嫩，鸭肉酥烂，汤浓味醇，馅心香鲜。

项目3

水产类热菜制作

【项目目标】

1. 了解各种水产类热菜的制作特点。

2. 掌握各种水产类热菜的制作方法。

【项目介绍】

本项目的主要内容是学习水产类热菜制作，水产类热菜品种繁多，烹法多样，选料严格，调味讲究。

任务1 红烧马鞍桥

图3.1 红烧马鞍桥

1）任务

学习制作红烧马鞍桥。

2）目标

了解红烧马鞍桥的用料规格和制作过程，掌握其制作要点。

3）用料规格

黄鳝500克，猪五花肉250克，调料熟大油50克，香油15克，酱油50克，料酒25克，白糖5克，盐4克，味精3克，大蒜25克，葱、姜各12克。

4）制作方法

①把黄鳝宰杀后剁去头尾，洗净血污，切成约5厘米长的段。猪五花肉切成1厘米厚的和鳝鱼段等长的片。分别用开水汆透，捞出沥净水。

②炒锅置于火上，把大蒜瓣用热油炸成金黄色后捞起沥油。锅内留底油，随即投入葱、姜煸香，把猪五花肉放入锅中稍煸一下。将料酒烹入，加入酱油，待肉上色后，再加上白糖和适量的水转小火焖至三四成熟。再加入鳝段、大蒜，继续用小火焖50～60分钟，待鳝段全熟时，加入味精、盐，改用旺火收浓汁，最后淋入香油拌匀便成。

5）制作要点

五花肉片与黄鳝段长短一致，小火焖制，旺火收汁。

6）成品特点

金黄色，味浓香。

7）任务评价

项目＼分数＼指标	刀工	口感	色泽	口味	盘形	动作	速度	卫生	节约	合计
标准分（百分制）	15	20	20	20	5	5	5	5	5	100
扣分										
实得分										

8）能力拓展

荷包鲫鱼

用料规格：

鲫鱼1条（约350克），猪五花肉200克，料酒25克，酱油35克，白糖20克，精盐2克，味精1克，熟猪油75克，葱段2克，姜2片，葱结1只，葱姜汁（由葱花、姜末、清水调成）15克，湿淀粉10克。

制作方法：

①将鲫鱼去鳞、去鳃，从背脊上剖开，取出内脏，洗干净。

②将猪五花肉剁成肉末，放入碗中，加精盐、味精，葱姜汁拌和成馅塞入鱼腹中。在鱼身上略剞几刀，然后抹上酱油稍腌。

③将炒锅置于火上，下猪油，烧至七八成热时，将鲫鱼放入锅内，两面煎至发黄时，下葱段、姜片，煎出香味。下料酒、酱油、白糖、精盐、清水，用旺火烧开，盖上锅盖，改用小火焖烧20分钟左右。再用旺火将卤汁收浓，用湿淀粉少许勾芡，浇上熟猪油，撒上葱段，起锅装盘即成。

制作要点：

鱼身涂抹酱油腌制，两面煎至黄色。

成品特点：

外形饱满，形似荷包，色泽金黄，鱼肉鲜嫩。

任务2 将军过桥

图3.2 将军过桥

1）任务

学习制作将军过桥。

2）目标

了解将军过桥的用料规格和制作过程，掌握其制作要点。

3）用料规格

原料：油菜心100克，冬笋100克，黑鱼1条（约1 000克），虾米3克，鸡蛋清40克，香菇（鲜）25克，料酒25克，大、小葱各3克，淀粉（蚕豆）20克，精盐6克，白糖5克，小葱10克，醋10克，香油15克，姜10克，熟猪油100克，清鸡汤600克，熟火腿100克。

4）制作方法

①将熟火腿切片，葱切段，冬笋切片，油菜心择洗干净，头部用刀修成圆形，菜叶切

成三角形，小葱择去叶洗净挽成结，姜洗净切块拍松，香菇洗净切片。

②将黑鱼去鳞、鳃、鳍，然后洗净，再斩下鱼头，用刀在背部沿脊骨两侧剖开，挖出内脏，鱼肠留用。

③将鱼横放在砧板上，片下两面鱼肉，再斜切成0.7厘米厚的片，放入碗内，加精盐少许，用鸡蛋清、水淀粉拌匀。

④将鱼肠放入清水中，用剪刀从一端向另一端剪开，去净肠内污物，用精盐轻轻揉搓、洗净。再将黑鱼脊骨和剩下的鱼肉洗净斩成块，鱼头劈成两片。

⑤炒锅烧热，舀入猪油，烧至四成热时，放入鱼片，用手勺拨散。待鱼片呈乳白色时，倒入漏勺沥油。

⑥原锅仍置于旺火上，舀入熟猪油，烧至四成热时，放入葱段、笋片、香菇片煸炒几下，加料酒、白糖、清鸡汤、精盐少许，烧沸后用淀粉勾芡，随即倒入鱼片炒匀，淋入香油，颠翻。

⑦先取一盘，盘中放少许醋，再起锅盛入盘中即成炒菜。

⑧将鱼头、鱼骨、鱼肠一起放入沸水锅内略烫，捞出洗净沥去水分，放入炒锅内，舀入清水，加料酒、葱结，以及拍松的姜块、笋片、虾米置于旺火上同烧，待烧沸后加熟猪油，烧至汤色乳白时，放入油菜心、香菇片烧煮。

⑨待菜心熟后，再加精盐烧沸，拣去葱、姜，上桌时另备姜末，香醋蘸食。

5）制作要点

油菜心择洗干净，菜头用刀修成圆形，在鱼背部沿脊骨两侧剖开。

6）成品特点

鱼片洁白、滑嫩，鱼汤浓白香醇。

7）任务评价

项目＼分数＼指标	刀工	口感	色泽	口味	盘形	动作	速度	卫生	节约	合计
标准分（百分制）	15	20	20	20	5	5	5	5	5	100
扣分										
实得分										

8）能力拓展

芙蓉海底松

用料规格：

海蜇头500克，鸡蛋5个，豌豆苗50克，精盐、味精、胡椒粉各少许，清汤1 500克。

制作方法：

①将海蜇头洗净，用开水稍烫一下，捞出后放盆内。再冲入开水淹没蜇头，加盖浸

泡，待水降温后将原汤滗入锅内，烧开后再冲再盖再泡，如此反复四五次，蜇头即发好，呈软绵状。块大的撕成小片，复用开水泡上。

②豌豆苗选用嫩尖和叶，洗净待用。鸡蛋取蛋清，用筷子打散，加精盐、味精及适量凉清汤，搅匀后除去浮沫，上笼中火蒸约15分钟，即成芙蓉蛋。

③起净锅，倒入凉清汤烧开，加料酒、精盐、胡椒粉、味精，调好味。用沸汤将海蜇、豌豆苗烫熟，均放入汤碗内，注入清汤，再把芙蓉蛋用勺挖大片，放在汤面即成。

制作要点：

海蜇头浸泡透，呈软绵状。

成品特点：

亦汤亦菜，汤鲜菜嫩，软韧适口。

任务3　干烧鱼

图3.3　干烧鱼

1）任务

学习制作干烧鱼。

2）目标

了解干烧鱼的用料规格和制作过程，掌握其制作要点。

3）用料规格

扁鱼1 000克，猪肉50克，榨菜20克，植物油800克（实耗约100克），豆瓣酱50克，葱、糖、料酒、酱油各25克，姜、蒜各15克，醋10克，味精5克，汤适量。

4）制作方法

①将扁鱼去鳍、鳞、鳃和内脏，清洗干净，在鱼身两侧斜剞一字花纹。猪肉、榨菜切成丁，姜、蒜切末，葱切成大葱花。

②炒勺倒入油，将油烧至七成热，把鱼炸熟捞出。肉末用少量油炸散，再下豆瓣酱炒酥，后加葱、姜、蒜炒几下。加汤、鱼、酱油、醋和料酒，待鱼熟透后取出放盘中。然后在汁内加味精，收干汁浇在鱼上，撒点葱花即成。

5）制作要点

油烧至七成热，把鱼炸熟捞出，豆瓣酱炒酥。

6）成品特点

鲜香辣嫩，略带甜味。

7）任务评价

项目＼分数＼指标	刀工	口感	色泽	口味	盘形	动作	速度	卫生	节约	合计
标准分（百分制）	15	20	20	20	5	5	5	5	5	100
扣分										
实得分										

8）能力拓展

干烧虾仁

用料规格：

虾仁500克，蛋（半个）清，料酒10克，精盐8.5克，味精4克，番茄酱50克，老糟浮子50克，白糖2.5克，胡椒粉1克，葱花5克，姜米2.5克，糟辣椒10克，郫县豆瓣酱10克，辣油25克，菱粉15克，生菜籽油1 000克。

制作方法：

①先将虾仁盛入碗内，加精盐抓一抓。然后用清水将虾仁洗净，沥干水分，加入蛋清、精盐、味精、胡椒粉，拌匀上劲，再点入菜籽油。

②锅烧热放入生菜籽油，待油温达四成热时，将虾仁下锅滑散至熟，倒入漏勺，沥干油。原锅放入生菜籽油，放入姜米、葱花、糟辣椒、郫县豆瓣酱、老糟浮子煸炒，下番茄酱再炒几下，加入虾仁、精盐、味精、白糖、料酒、湿菱粉勾芡翻勺，淋上辣油，不断颠锅，盛入大盆内即成。

制作要点：

虾仁下锅滑散，上浆时加入蛋清。

成品特点：

鲜香滑爽，芳香宜人。

任务4　白煨脐门

1）任务

学习制作白煨脐门。

图3.4　白煨脐门

2）目标

了解白煨脐门的用料规格和制作过程，掌握其制作要点。

3）用料规格

鳝鱼腹肉500克，绍酒10克，白酱油20克，味精1克，白胡椒粉1克，湿淀粉15克，虾子1克，精盐5克，香醋2克，蒜瓣200克，清鸡汤500克，熟猪油150克。

4）制作方法

①将鳝鱼腹肉切成长约7.5厘米的段，洗净，放入沸水锅内烫一下捞出，沥干水分。

②炒锅置于旺火上烧热，舀入熟猪油，烧至六成热时，放入蒜瓣略炸后，锅离火口，焖3分钟左右，捞出。将锅内热油倒入放有竹箅垫底的砂锅内，放入鳝段。加香醋、绍酒、白酱油、精盐、虾子、清鸡汤盖上锅盖，用旺火烧沸后，改小火焖约1小时。然后放入蒜瓣，焖约10分钟，取出锅垫。加味精，用湿淀粉调稀勾芡，烧涕，离火，撒上白胡椒粉即成。

5）制作要点

鳝鱼需放入沸水锅烫，砂锅中放入竹垫。

6）成品特点

鳝肉绵软，酥烂鲜嫩，汤汁乳白，香郁浓稠。

7）任务评价

项目　分数　指标	刀工	口感	色泽	口味	盘形	动作	速度	卫生	节约	合计
标准分（百分制）	15	20	20	20	5	5	5	5	5	100
扣分										
实得分										

8）能力拓展

烩鱼皮

用料规格：

鱼皮500克，笋子200克，香油100克，西兰花100克，料酒10克，木耳100克，盐、鸡精适量，生姜（切丝）10克，食用油适量。

制作方法：

①将鱼皮、笋子、西兰花和木耳分别切成片。

②起锅放少量食用油，煸炒姜丝，鱼皮下锅略微翻炒，放少许盐、料酒，盛出待用。

③再次起锅，用油略多些，放入笋子、西兰花、木耳翻炒，放盐继续翻炒，将已炒好的鱼皮拌入，放入香油、鸡精，适当翻炒后出锅即可。

制作要点：

①炒制鱼皮时火候要把握好。

②炒制鱼皮的过程中防止鱼皮破裂。

成品特点：

质地脆嫩，口味咸鲜。

任务5 红焖大虾

1）任务

学习制作红焖大虾。

图3.5 红焖大虾

2）目标

了解红焖大虾的用料规格和制作过程，掌握其制作要点。

3）用料规格

鲜虾200克，大葱1段，姜5克，蒜10克，花椒2克，香菜2克，干辣椒3克，生抽10克，老抽5克，料酒3克，醋3克，水200毫升，糖8克，鸡精15克，植物油20克。

4）制作方法

①将鲜虾去虾线、洗净，香菜切段，大葱和蒜切片，姜切粒，干辣椒切小段，花椒备好。

②锅中放入油烧热，下葱、姜、蒜、干辣椒和花椒大火爆香，再下鲜虾翻炒，放生抽、老抽、料酒、醋、糖、鸡精翻炒。最后加水，用中小火烧开焖3～4分钟，撒上香菜即可。

5）制作要点

鲜虾去虾线，控制老抽用量。

6）成品特点

颜色亮丽，味道浓郁，口感鲜嫩。

7）任务评价

项目 \ 分数 \ 指标	刀工	口感	色泽	口味	盘形	动作	速度	卫生	节约	合计
标准分（百分制）	15	20	20	20	5	5	5	5	5	100
扣分										
实得分										

8）能力拓展

红烧江团鱼

用料规格：

江团鱼1条（约750克），葱10克，姜10克，蒜10克，郫县豆瓣酱20克，酱油30克，生抽20克，盐10克，料酒10克，食用油200克。

制作方法：

①准备好所需食材和调料。

②葱、姜、蒜切好备用。

③将鱼清洗干净，并去除内脏和鱼鳃。

④将鱼放入水池中，倒入80 ℃左右的开水，用刀轻轻刮除鱼身上的白膜，用流水冲洗干净。

⑤将鱼切块，加入适量料酒、盐、生抽拌匀，再将拌好的鱼块放入冰箱腌制约30分钟。

⑥炒锅烧热，放适量食用油烧热，加入姜、蒜、郫县豆瓣酱，小火翻炒。

⑦加入适量料酒、酱油后，翻炒出红油。

⑧加入开水，下入鱼块，水要淹没鱼块，用大火烧开，再改小火慢慢烧15分钟即可。

⑨烧好鱼出锅、装盘。

制作要点：

鱼身上的白膜要用开水烫，用刀刮去。

成品特点：

肉质细嫩，口味鲜美。

任务6　黄焖着甲

图3.6　黄焖着甲

1）任务

学习制作黄焖着甲。

2）目标

了解黄焖着甲的用料规格和制作过程，掌握其制作要点。

3）用料规格

着甲肉450克，明骨75克，猪肥膘肉50克，熟冬笋25克，冬菇6克，熟山药35克，蒜头15克，绍酒40克，葱25克，姜（切片）25克，酱油25克，精盐7.5克，冰糖5克，淀粉25克，麻油15克，菜油、猪肉汤适量。

4）制作方法

①将着甲肉放入锅中，加清水烧沸，移小火焖至半熟捞出，除去沙粒及甲骨，切成长条块洗净，沥去水。取砂锅放入竹箅垫底，将着甲肉整齐摆放在上面。

②将猪肥膘肉切成薄片，山药切成滚刀块，明骨洗净，放入砂锅内加绍酒和清水，砂锅加盖置于火上焐4小时取出，剔去硬骨，切成小块。

③锅置于火上，加入菜油，投放葱白、姜片煸香，倒在着甲肉上。随后将着甲肉锅置于火上，加绍酒，盖上锅盖烧透。加精盐、酱油、冰糖、蒜头及猪肉汤烧沸，改小火烧2小时左右，拣去葱、姜。

④炒锅置于火上，放油，放入葱白煸香。将山药、冬菇、冬笋及明骨放入，加绍酒焖透后将着甲连汤一起加入，烧至汤稠着芡，淋芝麻油出锅。装盘时，以山药垫底，面上放着甲、明骨，最后放冬笋、冬菇。

5）制作要点

砂锅放入竹垫，着甲肉整齐摆放。

6）成品特点

香醇鲜嫩，卤汁明亮，甜咸适中。

7）任务评价

项目 \ 分数 \ 指标	刀工	口感	色泽	口味	盘形	动作	速度	卫生	节约	合计
标准分（百分制）	15	20	20	20	5	5	5	5	5	100
扣分										
实得分										

8）能力拓展

黄焖鳗鱼

用料规格：

活鳗鱼750克，水发木耳15克，熟笋片20克，生猪油丁12克，菜油35克，熟猪油60克，麻油10克，绍酒100克，精盐3克，酱油10克，葱15克，姜片5克，大蒜头15克，红曲米水10克，水淀粉15克，白汤750克，白糖10克，冰糖10克，麻油5克。

制作方法：

①在鳗鱼头部横割一刀（不割断），出尽血，放入盛器内，用60 ℃左右的水泡一下，去鱼身黏液及污物。用竹筷伸入鳗鱼腹内卷出其肠脏，斩下头尾。将鳗鱼切成约5厘米长的段，再用筷子逐段卷净内部，洗净。将鱼段竖立排在锅底，鱼头尾围在四周。

②用旺火热锅，加菜油并烧热，放入葱（打成结）及姜片，待葱、姜呈黄色，取出放

在鳗鱼上。再将鳗鱼连锅垫平放入锅中，加绍酒，盖上盖焖片刻，加汤，烧沸后加猪油、红曲米水、酱油、冰糖、精盐、大蒜头及生猪油丁，烧至鳗鱼上色时转小火焖约2小时，至鳗鱼熟烂。转旺火，锅内加熟猪油收稠汤汁，去葱、姜及鳗鱼头尾，将大蒜头、猪油丁放在碗底。鳗鱼段用尖头筷取出，放入碗内，侧面朝上摆整齐，再倒入汤汁。

③另取一锅烧热，加熟猪油，烧热后放入葱末，待葱熬出香味，入笋片、木耳，加绍酒、酱油、白糖及白汤，烧沸。将碗内鳗鱼及汤汁复倒入锅中，旺火烧透，转小火烧至汤汁稠浓，转旺火加水淀粉勾芡，淋麻油脱入盘中，鳗鱼侧面仍朝上排整齐，木耳及笋片摆在上面。

制作要点：

①鳗鱼的血放尽。

②去鱼身的黏液和污物。

成品特点：

色呈酱红，皮肥肉白，粉嫩细腻，咸中带甜。

任务7 清炖甲鱼

图3.7 清炖甲鱼

1）任务

学习制作清炖甲鱼。

2）目标

了解清炖甲鱼的用料规格和制作过程，掌握其制作要点。

3）用料规格

活甲鱼1只（约1 000克），鸡肉100克，猪五花肉100克，精盐10克，清汤1 500克，料酒25克，葱、姜、蒜末各1克，熟猪油100克。

4）制作方法

①将活甲鱼宰杀，放血后洗净，放入开水中略烫后刮去黑皮，然后开壳，取出内脏。剁去爪和尾巴，用清水洗净，剁成2.5厘米见方的块。鸡肉、猪五花肉均切成2.5厘米见方的块。

②洁净炒锅置于炉火上，在锅中加入熟猪油用中火加热至七成热，放入葱、姜、蒜末炒出香味。将甲鱼块、鸡肉块、猪肉块加入锅中煸炒至五成熟时，加入料酒、精盐、清汤用微火炖 2 小时左右再用旺火烧开，撇去浮沫，盛入汤盆即可。

5）制作要点

①宰杀甲鱼时血放尽。

②开水烫甲鱼时要刮去黑皮。

③小火慢炖。

6）成品特点

肉滑嫩不腻，汤汁新鲜，香醇。

7）任务评价

项目 \ 分数 \ 指标	刀工	口感	色泽	口味	盘形	动作	速度	卫生	节约	合计
标准分（百分制）	15	20	20	20	5	5	5	5	5	100
扣分										
实得分										

8）能力拓展

红扒鲥鱼

用料规格：

鲥鱼500克，葱姜油75克，鸡油15克，酱油、料酒、毛姜水各20克，味精8克，盐3克，湿淀粉50克，鸡汤1 000克。

制作方法：

①将鲥鱼清洗干净，用酱油码味。

②锅中放500克鸡汤，加入盐、酱油、味精和料酒，用微火煨至汤汁剩1/3时，倒入漏勺里滤去汤汁。

③另起锅放入葱姜油，烧热后加入料酒、毛姜水、酱油、盐、味精和鸡汤。

④先将鲥鱼条放入汤内，大火烧开，再用微火煨30分钟左右。然后用湿淀粉勾成稠芡，淋入葱姜油，大翻勺。最后淋入鸡油，拖入盘中即可。

制作要点：

①鲥鱼腌制入味。

②汤汁浓稠度要适宜。

③煨制鲥鱼时，火候要把握好。

成品特点：

色泽红亮，形态完整，口味浓郁。

任务8　鲜炒鱼片

图3.8　鲜炒鱼片

1）任务

学习制作鲜炒鱼片。

2）目标

了解鲜炒鱼片的用料规格和制作过程，掌握其制作要点。

3）用料规格

石斑鱼肉300克，豌豆荚10片，红椒20克，黄椒20克，鸡蛋清10克，盐5克，胡椒粉1克，淀粉10克，料酒5克，香油2克，食用油适量。

4）制作方法

①石斑鱼肉切片，拌入鸡蛋清、盐、胡椒粉、淀粉略腌。

②红椒、黄椒洗净后剖开，去籽，切小块，豌豆荚撕除老筋，洗净备用。

③将石斑鱼片过油，捞出，另用油炒红椒片和黄椒片，接着放豌豆荚同炒。

④先将料酒、盐、淀粉、香油用清水调匀，淋入锅内。再放鱼片一同炒匀，即可盛出。

5）制作要点

①鱼片过油时油温不宜过高，以免鱼肉粘在一起。

②先将配料和调味料炒匀，再放入鱼片，可减少炒动以保持鱼片完整。因鱼片过油后已八分熟，入锅略炒即可，不宜大动作翻动。

6）成品特点

色泽洁白，鱼肉鲜嫩爽滑。

7）任务评价

指标 分数 项目	刀工	口感	色泽	口味	盘形	动作	速度	卫生	节约	合计
标准分（百分制）	15	20	20	20	5	5	5	5	5	100
扣分										
实得分										

8）能力拓展

炒蝴蝶片

用料规格：

活鳝鱼750克（每条50克以上），大蒜头30克，红大椒20克，姜末3克，葱末3克，鸡蛋清1只，麻油40克，酱油30克，白糖15克，醋10克，干淀粉10克，湿淀粉12克，黄酒15克，精盐5克，胡椒粉2克，色拉油500克（实耗100克）。

制作方法：

①将活鳝鱼剁断颈骨，剖开肚膛，去内脏、黏液，洗净。取用鳝鱼中段肉，放平，皮面朝下，用斜刀法将鱼肉一刀片至皮，再一刀片断皮，即成蝴蝶片，逐段片完后用精盐、鸡蛋清、干淀粉浆起，淋少许麻油拌匀。

②将红大椒改刀成菱形片，大蒜头切成片待用。

③炒锅上火烧热，舀入色拉油，烧至五成热时，放入鳝鱼片滑油至变色，倒入漏勺沥油。炒锅复上火，倒入色拉油，先放入葱末、姜末、蒜片炸香。再放入红大椒片煸炒。加入黄酒、酱油、白糖，用湿淀粉勾芡，倒入蝴蝶片，颠翻几下，淋入麻油、醋，颠匀装盘后撒上胡椒粉。

制作要点：

①鳝鱼出骨要刀口整齐，小刺去尽，鳝鱼片须大小均匀。

②鱼片滑油时要掌握好时间、油温，否则肉会老。

③淋醋由锅壁处下锅。

成品特点：

鱼片卷曲，形似蝴蝶，蒜香浓郁，味鲜滑嫩。

任务9 白扒鱼肚

1）任务

学习制作白扒鱼肚。

2）目标

了解白扒鱼肚的用料规格和制作过程，掌握其制作要点。

图3.9 白扒鱼肚

3）用料规格

水发鱼肚100克，水发冬菇50克，熟火腿50克，冬笋50克，熟鸡油20克，菜心50克，姜片5克，奶汤300克，葱段20克，精盐8克，鲜汤500克，味精4克，胡椒粉2克，料酒20克，熟猪油60克。

4）制作方法

①将鱼肚水发至柔软，斜片成约5厘米长、3厘米宽的厚片。熟火腿、水发冬菇、冬笋切成与鱼肚相宜的片。菜心洗净入沸水焯至断生，晾凉。

②将洁净炒锅置于炉火上，下熟猪油，烧至三成热，放入姜片、葱段，炒出香味。掺入鲜汤，放入胡椒粉、味精、鱼肚汆一次。

③取圆窝盘一个，先用菜心垫底。再将鱼肚、火腿、冬菇、冬笋整齐地摆成花朵形。

放入味精、料酒、精盐、奶汤，上笼蒸透取出。

④将洁净炒锅置于炉火上，将熟猪油放入炒锅中，中火烧至三成热，放入姜片、葱段炒出香味。将蒸鱼肚的原汁滗入锅中，烧沸出味，撇去葱、姜。用湿淀粉勾清二流芡，淋入熟鸡油，浇在鱼肚盘内成菜。

5）制作要点

①注意将原料摆放整齐。

②最后在成品上淋入熟鸡油。

6）成品特点

造型美观，鱼肚入味细嫩，滋味鲜香醇厚。

7）任务评价

项目 分数 指标	刀工	口感	色泽	口味	盘形	动作	速度	卫生	节约	合计
标准分（百分制）	15	20	20	20	5	5	5	5	5	100
扣分										
实得分										

8）能力拓展

蟹黄扒翅

用料规格：

鱼翅（干）200克，嫩母鸡1 000克，猪肉（瘦）750克，鸡油15克，胡椒粉2克，水淀粉（蚕豆）10克，黄酒175克，姜45克，白酱油40克，大葱5克，小葱50克，精盐10克，白糖25克，香菜30克，猪油（炼制）250克，清鸡汤750克，蟹黄油20克。

制作方法：

①将锅置于旺火上烧热，舀入猪油，放入瘦肉（切丝），加黄酒50克略炒，放入清鸡汤，烧沸后改小火炖至酥烂，离火待用。

②大葱、小葱分别洗净，大葱切成丝，小葱挽成结。姜洗净，40克姜切成块，剩余切成丝。香菜择洗干净，切成段。

③将洗净的嫩母鸡切成4块，铺在垫有竹箅的锅中。

④提前将鱼翅用水浸泡好，放入沸水锅中略氽，捞出用清水漂洗，沥干水，摆放在鸡块上。

⑤另取锅置于旺火上烧热，舀入熟猪油，烧至七成热时放入葱结、姜块炒香，连油倒入鱼翅上，盖上锅盖烧沸焖透。

⑥揭去盖，将肉丝和汤倒入，加精盐、白酱油、白糖，烧沸移小火焖约2小时至翅糯软汁稠，淋上熟猪油离火。

⑦取出锅内鱼翅及原汁，扣入碗中，再放在笼上蒸透（鸡块、肉丝另作他用）。

⑧取锅置于旺火上烧热，舀入熟猪油，倒入蟹黄油，加黄酒及姜末炒和，用水淀粉勾芡。

⑨蟹黄油盛在鱼翅上面，随即放入大圆盘内，浇上翅汁，淋上熟鸡油。

⑩在盘两边放上香菜叶、姜丝，撒上胡椒粉即成。

制作要点：

①鱼翅提前浸泡好。

②使用猪油炸制葱姜提香味。

③利用好鱼翅的原汁。

成品特点：

蟹黄鲜肥，鱼翅软糯，颜色黄润，味美醇厚。

任务10　干㸆大虾

1）任务

学习制作干㸆大虾。

图3.10　干㸆大虾

2）目标

了解干㸆大虾的用料规格和制作过程，掌握其制作要点。

3）用料规格

净大虾500克，姜片2克，油50克，料酒30克，盐2克，味精7克，醋25克，白糖40克，汤适量。

4）制作方法

①把大虾从中间一切两开。

②坐锅放油，姜片、虾用油煎后，放入料酒，加汤、盐、白糖、味精、醋，用手勺轻砸虾头，出红油，㸆熟透，汁发黏红亮，转锅翻个，打明油，出锅即成。

5）制作要点

①注意取出虾线。

②虾出锅时打入明油亮色。

6）成品特点

粉红油亮，鲜嫩，甜咸香美。

7）任务评价

分数 指标 项目	刀工	口感	色泽	口味	盘形	动作	速度	卫生	节约	合计
标准分（百分制）	15	20	20	20	5	5	5	5	5	100
扣分										
实得分										

8）能力拓展

羊方藏鱼

用料规格：

鲜羊肉（肋方）1 000克，鳜鱼1条约600克，火腿50克，香菇4朵，油菜心100克，精盐5克，姜盐汁40克，料酒10克，花椒40粒，八角2个，陈皮12克，老姜50克，羊肉原汤1 500克。

制作方法：

①先将鲜羊肉煮至断生，四面修齐。再从侧面用平刀推进一洞，用姜盐汁抹均匀，稍腌。然后将鳜鱼刮鳞，去内脏后洗净，剔除骨翅，鱼肉片成大片，用姜盐汁抹匀，稍腌（鱼骨备用）待用。

②将腌好的鳜鱼片填入羊肉洞中，铺平后用竹签封口。火腿蒸熟切片，香菇去梗，油菜心择洗干净，焯水待用。

③锅置于火上，倒入羊肉原汤，放入鱼骨，大火烧煮5分钟，见汤呈白色，捞出鱼骨，把汤倒入另一处。稍停，将汤倒入砂锅中（弃净渣滓）。再将羊肉放砂锅中，使汤浸过羊肉，同时加入精盐、料酒、老姜、陈皮、八角、花椒，大火烧开，撇去浮沫，转文火炖至酥烂为止。出锅加入火腿、香菇、油菜心即成。

制作要点：

①断生的羊肉要用姜盐汁抹均匀。

②注意封口。

③烧制羊肉过程中注意去浮沫。

成品特点：

肉质酥烂，口味咸鲜。

任务11　彭城鱼丸

1）任务

学习制作彭城鱼丸。

2）目标

图3.11 彭城鱼丸

了解彭城鱼丸的用料规格和制作过程，掌握其制作要点。

3）用料规格

鲤鱼1 000克，肥膘肉50克，粉丝50克，油菜心40克，熟火腿25克，香菇（鲜）25克，鸡蛋清80克，精盐8克，料酒50克，味精2克，葱20克，姜20克，淀粉（蚕豆）25克，猪油（炼制）60克，香油15克，清鸡汤500克。

4）制作方法

①粉丝用水浸发洗净，熟火腿切片，葱洗净切段，姜洗净切片。

②取葱段、姜片加适量精盐、味精，捣碎弃渣留汁备用。油菜心择洗干净焯熟。香菇洗净切片。

③将鲤鱼整理干净，斩下头尾，取净肉同肥膘肉一起剁成泥，加鸡蛋清、葱姜汁、精盐，清鸡汤搅匀成糊，蛋清糊中加入粉丝（剁碎），料酒、干淀粉调成鱼粉糊。

④将鱼头尾洗净，焯水后加适量精盐、葱段、姜片、料酒上笼蒸熟。

⑤将锅置于火上，加入冷水，制成鱼丸放入冷水锅内煮，待水沸时，鱼丸即熟，捞出备用。

⑥将锅置于火上，舀入熟猪油，放入葱段、姜片煸炸并舀入清鸡汤，捞出葱段、姜片。

⑦倒入鱼丸、菜心、火腿片、香菇片，加入精盐、料酒、味精烧煮。

⑧待烧沸后用水淀粉勾芡，淋入香油，出锅装盘。

5）制作要点

①去掉头尾剁成泥。

②鱼丸冷水下锅。

6）成品特点

清淡洁白，滑嫩爽口，尤宜老人食用。

7）任务评价

项目 \ 分数 \ 指标	刀工	口感	色泽	口味	盘形	动作	速度	卫生	节约	合计
标准分（百分制）	15	20	20	20	5	5	5	5	5	100
扣分										
实得分										

8）能力拓展

拆烩鲢鱼头

用料规格：

鲢鱼头1个，油菜心200克，熟火腿50克，鸡肉50克，蟹肉60克，春笋50克，香菇（鲜）25克，鸡肫25克，虾子3克，小葱25克，盐4克，白糖2克，白胡椒粉1克，姜25克，料酒100克，白醋25克，味精1克，淀粉13克，猪油（炼制）100克，鸡汤适量。

制作方法：

①葱切段、姜切片，将油菜心洗净，菜头削成橄榄形，熟火腿切片，鸡肉洗净，煮熟，切片。春笋去皮，洗净，切片。香菇切片。鸡肫洗净，煮熟，切片。

②将鲢鱼头切成两片，去鳃洗净，放入锅内加清水淹没鱼头，置于旺火上烧至鱼肉离骨时，捞出去骨。

③锅内再换清水，放入鱼头肉，加葱段、姜片、料酒，置于旺火上烧沸，捞出，拣去葱、姜。

④炒锅置于中火上烧热，舀入熟猪油，烧至四成热时，放入菜心，用手勺推动，至菜色翠绿时，倒入漏勺沥去油。

⑤将锅置于旺火上烧热，舀入熟猪油，烧至五成热时，放入葱段、姜片，稍炸。

⑥将葱、姜炸香后捞出，放入虾子、蟹肉略炒，加料酒、鸡汤、精盐、白糖，再放入笋片、香菇片、鸡肉片、鸡肫片、鱼头肉，盖上锅盖，烧10分钟左右。

⑦加入菜心、味精，烧沸后，用水淀粉勾芡，淋入白醋、熟猪油翻炒均匀，起锅装盘，撒上白胡椒粉，上面放火腿片即成。

制作要点：

制作时加入猪油，使汤色乳白。

成品特点：

皮糯黏腻滑，鱼肉肥嫩，汤汁稠浓，口味鲜美，营养丰富。

任务12　青鱼甩水

图3.12　青鱼甩水

1）任务

学习制作青鱼甩水。

2）目标

了解青鱼甩水的用料规格和制作过程，掌握其制作要点。

3）用料规格

青鱼800克，熟猪油100克，料酒75克，酱油50克，白糖30克，小葱10克，姜5克，淀粉

15克，香油10克。

4）制作方法

①将小葱洗净切段，姜洗净切末，青鱼取其尾洗净，顺长切5刀，尾鳍相连不切开。

②炒锅置于旺火上，舀入熟猪油，烧至五成热时，投入葱段，炒香捞出，放入鱼尾，略煎至发黄，翻身煎另一面。

③加料酒、姜末、酱油、白糖及清水，盖上锅盖，烧沸后改小火焖7～8分钟，再转旺火收稠卤汁。

④用水淀粉勾芡，淋入香油，颠锅将鱼尾翻身，整齐装入盘中即成。

5）制作要点

①鱼身两面煎至黄色。

②鱼尾翻身出锅。

6）成品特点

菜色酱红，咸中带甜，肉质肥嫩，鲜美可口。

7）任务评价

项目 \ 分数 \ 指标	刀工	口感	色泽	口味	盘形	动作	速度	卫生	节约	合计
标准分（百分制）	15	20	20	20	5	5	5	5	5	100
扣分										
实得分										

8）能力拓展

西施含珠

用料规格：

蛤蜊300克，五花肉100克，娃娃菜100克，水马蹄50克，黑木耳20克，玉兰冬笋片20克，草菇10克，高汤500克，豆油50克，熟猪油10克，浓缩鸡汁5克，白胡椒粉2克，精盐3克，料酒5克，鸡精2克，鸡蛋（1个）黄，姜末、葱末、白糖少许。

制作方法：

①将蛤蜊洗净入开口锅中煮至口开，取出肉切碎。

②将五花肉剁成末，水马蹄用刀拍碎。

③将五花肉末与马蹄碎、蛤蜊肉和匀，打入鸡蛋黄，淋入料酒，加精盐、白胡椒粉、鸡精、白糖少许，撒入姜末和葱末，再用手打上劲道，制成肉馅。

④将肉馅塞入洗净的蛤蜊壳中，将表面抹光滑。

⑤将塞入肉馅的蛤蜊放入碗中再加入开水，上笼蒸至5分钟定形，沥干水分备用。

⑥娃娃菜改成条，净锅置于火上，放入豆油、猪油煸香。再放入高汤，调入精盐、鸡精、鸡汁、白胡椒粉，烧沸。然后放入蛤蜊、娃娃菜、黑木耳、冬笋片、草菇烧入味。

⑦将娃娃菜垫入碗底，将菜肴盛入盘中成菜！

制作要点：

五花肉一定要打上劲。蛤蜊要用水漂去泥沙。

成品特点：

汤鲜味美，口味醇厚。

任务13　清汤鱼丸

图3.13　清汤鱼丸

1）任务

学习制作清汤鱼丸。

2）目标

了解清汤鱼丸的用料规格和制作过程，掌握其制作要点。

3）用料规格

鲢鱼200克，火腿10克，豌豆苗（或菜心）25克，精盐10克，味精3克，姜汁10克，鸡油10克。

4）制作方法

①将鲢鱼宰杀剖洗净，从尾部沿背脊骨剖成两片，去掉鱼头，批去脊骨与肚裆，将鱼肉洗净。

②在鱼尾部用钉将鱼固定在砧板上，刮取鱼泥约250克，置新鲜肉皮上，将鱼泥剁至有黏性。

③将鱼泥放入钵中，加水200毫升烧开，放精盐，顺同一方向搅拌至有黏性。

④加水200毫升，搅拌至鱼泥起小泡时静置5～10分钟。

⑤加水100毫升，继续搅拌均匀，加入味精、姜汁搅匀待用。

⑥锅中舀入冷水，将鱼泥挤成胡桃大小的鱼丸，入锅用中小火渐渐加热汆漾成熟（中途将鱼丸翻身，使其成熟一致）。

⑦放清汤于炒锅，置于旺火上烧沸，把鱼丸轻轻放入锅中，加精盐、味精及择洗干净的豌豆苗（或菜心），然后盛入品锅，熟火腿片与豌豆苗（或菜心）置鱼丸上面淋上熟鸡油即成。

5）制作要点

①取鱼肉时注意颜色，不要深色的。

②分次加水。

③冷水下锅。

6）成品特点

鱼丸似白玉，色泽分明，滑嫩鲜美。

7）任务评价

项目 \ 分数 指标	刀工	口感	色泽	口味	盘形	动作	速度	卫生	节约	合计
标准分（百分制）	15	20	20	20	5	5	5	5	5	100
扣分										
实得分										

8）能力拓展

酸汤鱼丸

用料规格：

白鱼600克，高汤1 500克，白胡椒粉10克，鸡蛋清50克，葱末、姜末、精盐、味精、麻油、白醋、蒜丝、淀粉适量。

制作方法：

①将白鱼沿龙骨切下，剔去胸刺，剁成鱼蓉（用食品加工机也可），放入盘中。

②将盘中的鱼蓉加盐，加鸡蛋清朝一个方向搅拌打上劲，加入淀粉、水，搅打到鱼糊中气孔多而密，由小孔变大孔时，加入葱末、姜末及味精。

③取一空锅放入清水，用汤勺将鱼糊挤成鸡蛋大小的鱼丸放于锅中，锅置于小火上慢慢加热，见沸时，把锅离火片刻，再上火，反复多次至鱼丸完全变成洁白色至熟透后离火。

④另取一锅上火，放入高汤加入精盐、白胡椒粉，同时见沸时捞起锅中的鱼丸，见水微沸时将锅离火。取一大碗，在碗中放上白醋、麻油，将锅中汤和鱼丸盛入碗中，撒上蒜丝即成。

制作要点：

①鱼丸冷水下锅，小火加热。

②鱼丸挤得大小一致。

成品特点：

鱼丸色白，口味酸爽。

任务14　生炒蝴蝶片

1）任务

学习制作生炒蝴蝶片。

图3.14 生炒蝴蝶片

2）目标

了解生炒蝴蝶片的用料规格和制作过程，掌握其制作要点。

3）用料规格

鳝鱼400克，大蒜（切片）10克，葱10克，姜10克，白酒5克，酱油3克，白糖10克，盐5克，味精4克，淀粉（豌豆）6克，胡椒粉3克，麻油4克，花生油30克。

4）制作方法

①将鳝鱼宰杀去骨，洗净沥干水，斜批成蝴蝶片。

②炒锅烧热加入花生油烧至七八成热时，将鳝片放入锅里，迅速滑熟倒出。锅内留油少许复置于火上，放蒜片、葱、姜煸香。加白酒、盐、味精、白糖、胡椒粉、酱油、水。再将鳝片倒入翻炒几下，用湿淀粉勾芡，淋上麻油出锅装盘即可。

5）制作要点

鳝鱼去骨，斜批成蝴蝶片。

6）成品特点

色泽红亮，鲜嫩味美。

7）任务评价

项目 \ 分数 指标	刀工	口感	色泽	口味	盘形	动作	速度	卫生	节约	合计
标准分（百分制）	15	20	20	20	5	5	5	5	5	100
扣分										
实得分										

8）能力拓展

鲜炒鱼片

用料规格：

石斑鱼肉300克，豌豆荚10片，红椒20克，黄椒20克，鸡蛋清10克，盐5克，胡椒粉1克，淀粉10克，料酒5克，香油2克。

制作方法：

①将石斑鱼肉切片，拌入鸡蛋清、盐、胡椒粉、淀粉略腌。

②将红椒、黄椒洗净后剖开，去籽，切小块，豌豆荚撕除老筋，洗净备用。

③将石斑鱼片过油，捞出；另用油炒红椒片和黄椒片，接着放豌豆荚同炒。

④先将料酒、盐、水淀粉、香油、清水调匀，淋入锅内。再放鱼片一同炒匀，即可盛出。

制作要点：

①鱼片过油时油温不宜过高，以免鱼肉粘在一起。

②先将配料和调味料炒匀，再放入鱼片，可减少炒动以保持鱼片的完整。因鱼片过油后已是八分熟，入锅略炒即可，不宜大动作翻动。

成品特点：

色泽洁白，鲜嫩爽滑。

任务15 银丝长鱼

1）任务

学习制作银丝长鱼。

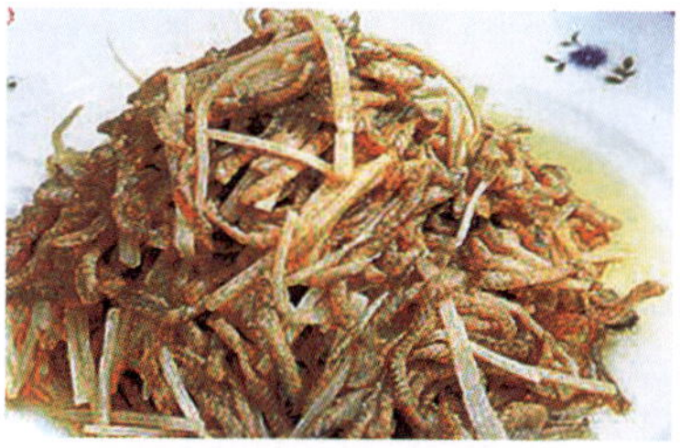
图3.15 银丝长鱼

2）目标

了解银丝长鱼的用料规格和制作过程，掌握其制作要点。

3）用料规格

鳝鱼750克，鸡蛋清25克，冬笋40克，精盐2.5克，绍酒20克，水淀粉15克，葱白10克，蒜瓣20克，白糖5克，清鸡汤50克，白胡椒粉0.5克。

4）制作方法

①鳝鱼活杀，去骨，铲去皮，洗净，放清水中漂泡至肉色发白时捞出，切成细丝。然后用清水漂洗一次，捞出沥水，倒入碗中，放入鸡蛋清、精盐、绍酒、水淀粉上浆。

②冬笋、葱白、蒜瓣分别切成细丝。

③锅置于旺火上烧热，放入熟猪油烧至四成热（约88 ℃）时将鱼丝下锅滑油，待鱼丝发白时倒出沥油。原锅留少许底油，投入葱丝、蒜丝略炒，随后投入笋丝煸炒。再下鱼丝，加清鸡汤、绍酒、精盐、白糖烧沸。用水淀粉勾芡，轻轻颠锅，装入盘中，撒上白胡椒粉即成。

5）制作要点

①鳝鱼在清水中漂泡至肉色发白时捞出。

②注意制作银丝长鱼时的油温。

6）成品特点

色白如银，鱼丝鲜美滑嫩。

7）任务评价

项目 \ 分数 \ 指标	刀工	口感	色泽	口味	盘形	动作	速度	卫生	节约	合计
标准分（百分制）	15	20	20	20	5	5	5	5	5	100
扣分										
实得分										

8）能力拓展

软兜长鱼

用料规格：

长鱼1 000克，味精1克，香醋115克，黑胡椒5克，姜10克，料酒10克，大蒜10克，粗盐50克，水淀粉13克，小葱5克，酱油25克，猪油（炼制）100克。

制作方法：

①姜切片，大蒜切片，小葱切成段。

②锅内放入清水、粗盐、香醋、葱段、姜片，用旺火烧沸，速倒入长鱼（鳝鱼），盖紧锅盖。待长鱼停止窜动，嘴张开，水沸后再加入少量清水，并用手勺轻轻地将长鱼推动翻身，焖约3分钟。

③将长鱼捞出，放入清水中洗净，捞出。取脊背肉一掐两断，放入沸水锅中烫一下，捞出沥去水。

④炒锅置于旺火上烧热，舀入熟猪油，烧至七成热时，投入蒜片炸香，放入长鱼脊背肉，加入料酒、味精、酱油，用水淀粉勾芡，烹入香醋，淋入熟猪油，颠锅装盘，撒上黑胡椒粉即成。

制作要点：

①制作软兜长鱼时使用熟猪油。

②软兜长鱼出锅时要淋上香醋。

成品特点：

乌光烁亮，软嫩异常，清鲜爽口，蒜香浓郁。

任务16 天下第一鲜

1）任务

学习制作天下第一鲜。

图3.16 天下第一鲜

2）目标

了解天下第一鲜的用料规格和制作过程，掌握其制作要点。

3）用料规格

鲜文蛤肉250克，葱花5克，姜末5克，黄酒15克，精盐5克，干淀粉5克，白胡椒粉1克，香油10克，熟猪油500克。

4）制作方法

①将文蛤壳劈开，取出文蛤肉及衣膜，洗净放在碗内，加精盐、干淀粉拌和均匀。

②锅置于火上，放入熟猪油，烧至四成热时放入文蛤肉滑油，捞出。另取炒锅上火，倒入配料煸炒。再放文蛤肉迅速煸炒，淋香油装盘，撒上白胡椒粉即可。

5）制作要点

①取文蛤肉及衣膜时一定要一同取下。

②文蛤肉滑油时要控制好油温。

6）成品特点

色泽鲜艳，质地滑嫩，味道鲜美。

7）任务评价

项目 \ 分数 \ 指标	刀工	口感	色泽	口味	盘形	动作	速度	卫生	节约	合计
标准分（百分制）	15	20	20	20	5	5	5	5	5	100
扣分										
实得分										

8）能力拓展

梁溪脆鳝

用料规格：

活大鳝鱼1 500克，酱油40克，绍酒50克，盐50克，白糖100克，姜末、葱末各25克，嫩姜丝25克，麻油25克，生油1 000克（实耗150克），味精1克，胡椒粉少许。

制作方法：

①将锅置于旺火上，加清水、盐烧沸，放入活鳝鱼后随即加盖，煮约5分钟，至鳝鱼嘴张开捞入清水中冷却、漂清。然后用刀将鳝鱼逐条去骨切成鳝丝，洗净沥干水分。

②将炒锅置于旺火上，下生油烧至八成热时，放入鳝丝炸，并不断用漏勺捞起轻颠，要抖散入锅，以防鳝丝相互粘连。鳝丝炸约3分钟，即用漏勺捞出，待油锅里的油温降到五成热时，再将鳝丝投入油锅，如此复炸三四次，使鳝体基本排尽水分，里外肉质从硬化趋于脆化（要避免外层肉质枯焦）。

③另将炒锅烧热，放油25克，下葱末，炒香，加料酒、姜末、酱油、白糖，烧沸成卤汁，随即将炸脆的鳝丝放入卤汁锅内，略烩后，放入味精、胡椒粉，颠翻几下，淋入麻油，起锅放入盘内堆起，面上放些嫩姜丝即成。

制作要点：

①将鳝丝抖散入锅。

②需将鳝丝炸约3分钟。

③装盘后最后需放上姜丝。

成品特点：

口感松脆，味浓汁酸，甜中带咸。

任务17　软炸虾仁

图3.17　软炸虾仁

1）任务

学习制作软炸虾仁。

2）目标

了解软炸虾仁的用料规格和制作过程，掌握其制作要点。

3）用料规格

虾仁200克，蛋清3个，面粉50克，生粉100克，花椒盐20克，盐2克，味精2克，料酒0.2克，花生油100克，胡椒粉、水少许。

4）制作方法

①将虾仁放入碗中加盐、味精、胡椒粉、料酒，腌2分钟。

②盆中加蛋清、面粉、生粉、少许水调成薄糊。

③锅内加花生油烧至150 ℃时，将虾仁拌成糊，带糊逐个下入油中炸至九成熟时，用漏勺捞出抖落，使虾仁粒粒散开捞出，等油温上升到180～200 ℃时，把虾仁下入促油，迅速捞出装盘，上席带花椒盐。

5）制作要点

①虾仁需腌制。

②制作时需掌握火候。

6）成品特点

外表脆软，淡金黄色，虾仁鲜嫩。

7）任务评价

项目 \ 分数 \ 指标	刀工	口感	色泽	口味	盘形	动作	速度	卫生	节约	合计
标准分（百分制）	15	20	20	20	5	5	5	5	5	100
扣分										
实得分										

8）能力拓展

葫芦虾蟹

用料规格：

虾仁125克，大虾100克，蟹黄适量，蟹肉100克，猪网油400克，对虾500克，面包屑50克，龙虾片20克，鸡蛋200克，香菜15克，竹笋50克，小葱7克，花椒2克，精盐5克，淀粉（蚕豆）45克，胡椒粉1克，姜2克，椒盐1克，芝麻油15克，黄酒15克，熟猪油25克，花生油100克。

制作方法：

①小葱、姜洗净切末，香菜择洗干净切段，蟹肉洗净，煮熟，花椒、葱、精盐合在一起剁成碎泥状即成葱椒盐。

②龙虾片洗净，竹笋去老皮，洗净，切成细丝。将大虾去壳留尾剥成凤尾虾。

③凤尾虾连同虾仁用少许精盐、干淀粉、鸡蛋清上浆。

④将锅置于火上，舀入少许熟猪油烧热，投入姜末略炸。放入蟹肉，加黄酒、清鸡汤、精盐适量煸烩入味。

⑤用水淀粉勾芡起锅，晾凉，取蟹黄15克放入碗中，撒上胡椒粉、葱末，加虾仁拌匀

成馅备用。

⑥用葱椒盐、鸡蛋调成葱椒盐浆。再用鸡蛋、干淀粉调成全蛋浆。

⑦将猪网油两面拍上干淀粉，铺在案板上，抹上葱椒盐蛋浆，在每张网油的一角安上凤尾虾。

⑧并将馅心分成10等份，放在网油上，包成圆锥形，外抹全蛋浆，蘸上面包屑，在中间用竹笋丝扎成葫芦虾蟹坯。

⑨将锅置于火上，舀入花生油，烧至六成热时，投入葫芦虾蟹生坯炸透捞出。待油温回升至七成热时，再投入葫芦虾蟹炸至金黄色捞出，放在大圆盘的四周，淋上芝麻油，撒上花椒盐。

⑩将龙虾片投入六成热的油锅内，炸至膨松成熟，堆放在盘子中间，上面放蟹黄，用香菜点缀即成。

制作要点：

①用蛋清浆上浆。

②葫芦虾蟹生坯尽量保持大小一致。

③用六成热的油温炸制。

成品特点：

形态逼真，色泽金黄，质地松脆鲜嫩。

任务18 爆乌花

图3.18 爆乌花

1）任务

学习制作爆乌花。

2）目标

了解爆乌花的用料规格和制作过程，掌握其制作要点。

3）用料规格

鲜墨鱼肉500克，香菜15克，湿淀粉、木耳、姜末、葱末、料酒、青豆、蒜末、精盐各5克，水发玉兰片25克，味精、白糖、胡椒粉各1克，花生油5克。

4）制作方法

①将鲜墨鱼肉洗净，剞成交叉花刀块（乌花），放入开水中氽一下，沥水待用。

②将锅置于火上，放入花生油，旺火烧至七成热，投入葱末、姜末、蒜末炸香后放入乌花、玉兰片、木耳、青豆、香菜。加入料酒、白糖、味精、精盐，用湿淀粉勾芡，装盘后撒上胡椒粉即可。

5）制作要点

①鲜墨鱼剞成交叉花刀块。

②乌花在六成油温时下锅。

6）成品特点

色泽洁白，质地脆嫩，滋味鲜美。

7）任务评价

项目＼分数＼指标	刀工	口感	色泽	口味	盘形	动作	速度	卫生	节约	合计
标准分（百分制）	15	20	20	20	5	5	5	5	5	100
扣分										
实得分										

8）能力拓展

油爆虾

用料规格：

河虾300克，大葱10克，姜5克，干辣椒2克，食用油500克（实耗30克），香油2克，酱油5克，料酒2克，香醋2克，精盐2克，白糖5克，味精2克。

制作方法：

①将河虾剪净须足，洗净备用。干辣椒洗净切段。大葱洗净切丝，姜洗净切末。

②热锅加油烧至高温，倒入河虾，翻动数下迅速捞起，稍稍沥干油后，再放入锅中，如此反复3次。

③锅内留少许油，加辣椒段、葱丝、姜末煸香，倒入精盐、味精、白糖、香醋、酱油后小炒数下，加料酒搅匀。待汁液变稠时，倒入河虾，翻炒数下，淋上香油即可。

制作要点：

①河虾要剪净须足。

②河虾需炸3次。

③烹制完成后需淋上香油提色。

成品特点：

色泽酱红，虾外脆内嫩，带着咸鲜味。

任务19 爆炒大闸蟹

图3.19 爆炒大闸蟹

1）任务

学习制作爆炒大闸蟹。

2）目标

了解爆炒大闸蟹的用料规格和制作过程，掌握其制作要点。

3）用料规格

洪泽湖大闸蟹500克，葱段100克，茴香50克，精盐10克，酱油10克，醋3克，姜片8克，白糖5克。

4）制作方法

①将大闸蟹洗净，将葱段、茴香、姜碾碎放入钵中。

②用中火将大闸蟹蒸到八分熟时出锅，将大闸蟹切成两半，使其更加入味。

③将葱段、姜片入锅爆香，放入大闸蟹，爆炒5分钟放入酱油、盐、白糖、醋翻炒，最后放茴香翻炒即可出锅装盘。

5）制作要点

大闸蟹蒸制八分熟时出锅。

6）成品特点

色泽红亮，味鲜香。

7）任务评价

项目 \ 分数 \ 指标	刀工	口感	色泽	口味	盘形	动作	速度	卫生	节约	合计
标准分（百分制）	15	20	20	20	5	5	5	5	5	100
扣分										
实得分										

8）能力拓展

清炒蟹粉

用料规格：

蟹粉450克，黄酒75克，精盐5克，葱花10克，姜汁水25克，白糖、胡椒粉各少许，鲜汤150克，水淀粉、熟猪油、植物油各适量，醋、姜丝各一小碟。

制作方法：

①热锅放入植物油，烧至四成热，再放入葱花爆香，然后放入蟹粉轻炒。

②加黄酒、白糖、精盐、姜汁水、鲜汤烧沸，改小火焖烧，转旺火。

③下水淀粉勾芡，加熟猪油炒和，撒上胡椒粉即成。

④食用时同时上醋和姜丝小碟。

制作要点：

制作姜汁水时，将拍松的姜块泡于清水中，放置片刻即成。

成品特点：

蟹肥肉鲜。

任务20　松鼠鳜鱼

1）任务

学习制作松鼠鳜鱼。

图3.20　松鼠鳜鱼

2）目标

了解松鼠鳜鱼的用料规格和制作过程，掌握其制作要点。

3）用料规格

鲜活鳜鱼1条（约750克），麻油10克，青豌豆15粒，绍酒25克，醋20克，精盐、葱段各11克，白糖200克，柠檬汁100克，番茄酱50克，干淀粉150克，猪网油100克，吉士粉100克，湿淀粉40克，色拉油1 500克，大蒜（切末）适量，笋丁、香菇丁各5克，熟豌豆100克，熟虾仁100克，鲜汤适量。

4）制作方法

①将鳜鱼去鳞去鳃，剖腹后去内脏，洗净。齐胸鳍斜切下鱼头，从鱼头下巴处顺长剖开，用刀面轻轻拍平，并沿脊骨两侧平片至尾部（鱼尾勿断），斩去脊骨，片去胸刺。

②在鱼肉上先直刻（刀距约1厘米），后斜剖（刀距3厘米），深至鱼皮（勿破皮），成菱形刀纹。接着将绍酒、精盐放入碗内调匀，抹在鱼头和鱼肉上。再裹上干淀粉，用手拎起鱼尾抖去余粉。

③将番茄酱放入碗内，加鲜汤、白糖、醋、绍酒、精盐、湿淀粉，搅拌成调味汁。

④炒锅置于旺火上，下猪网油烧至八成热。将两片鱼肉翻卷，翘起鱼尾成松鼠形。然后一手拎起鱼颈部，一手用筷子夹住另一头，放入油锅中稍炸成形。再将鱼全部放入油锅中炸至呈淡黄色时捞起，待油温升至八成热时，放入鱼复炸至呈金黄色，捞出放在盘中，装上鱼头拼成松鼠形。

⑤锅内留油少许，下葱段煸香捞出。再加蒜末、笋丁、香菇丁、熟豌豆，倒入调味汁，旺火烧浓后，加熟猪油和熟虾仁炒匀，淋入麻油，起锅浇在鱼身上即成。

5）制作要点

①鳜鱼剞上菱形刀纹。

②鳜鱼在八成油温时下锅。

③用筷子固定好形状。

6）成品特点

形如松鼠，外脆里嫩，色泽橘黄，酸甜适口，并有松红香味。

7）任务评价

分数 指标 项目	刀工	口感	色泽	口味	盘形	动作	速度	卫生	节约	合计
标准分（百分制）	15	20	20	20	5	5	5	5	5	100
扣分										
实得分										

8）能力拓展

糖醋黄河鲤

用料规格：

鲤鱼1尾（约700克），酱油10克，精盐3克，白糖300克（耗250克），葱2克，清汤300克，蒜3克，湿淀粉100克，姜2克，花生油1 000克，米醋120克，绍酒10克。

制作方法：

①将鲤鱼去鳞，开膛取出内脏，挖去两鳃，用水冲洗干净。再在鱼身的两面每隔2.5厘米先直剞（1.5厘米深），后斜剞（2厘米深）成翻刀（直刀剞至鱼骨时向前推剞，在根部划一个刀口，使鱼能翻起），提起鱼尾使刀口张开。将绍酒、精盐撒入刀口处稍腌。

②清汤、酱油、绍酒、米醋、白糖、精盐、湿淀粉放入碗内，兑成芡汁。

③在鱼的周身刀口处，均匀地撒上一层湿淀粉。锅置于火上，放入花生油，手提鱼尾放在七成热的油锅中炸至外皮挺住后，转微火浸炸3分钟；改用旺火炸至鱼身呈金黄色时，捞出摆放在盘中。然后用手垫净布，将鱼捏松。

④锅内放入油，烧热后放入葱、姜、蒜，炸出香味后倒入兑好的芡汁，用旺火炒制，

有泡冒出时再用炸鱼的沸油冲入汁内，略炒迅速浇到鱼身上即成。

制作要点：

①均匀地在鱼身上撒上干淀粉。

②炸鲤鱼时，七成油温炸制。

成品特点：

色泽深红，外脆里嫩，香味扑鼻，酸甜可口。

任务21 醋熘鳜鱼

1）任务

学习制作醋熘鳜鱼。

图3.21 醋熘鳜鱼

2）目标

了解醋熘鳜鱼的用料规格和制作过程，掌握其制作要点。

3）用料规格

鳜鱼1 000克，小葱10克，大蒜20克，醋75克，白糖200克，韭黄适量，香油50克，姜10克，料酒50克，酱油75克，淀粉（蚕豆）200克，花生油300克。

4）制作方法

①将大蒜洗净，韭黄切段，葱切段、姜洗净切片。

②将鳜鱼去鳞、鳃、鳍，剖腹，去内脏洗净，在鱼身的两面划牡丹花刀，用线扎紧鱼嘴。

③用刀将鱼头、鱼身拍松。将锅置于旺火上，舀入花生油，烧至五成热。

④将鱼在水淀粉中均匀地挂上一层糊，一手提鱼尾，一手抓住鱼头，轻轻地将鱼放入油锅内，初炸至呈淡黄色捞出。

⑤解去鱼嘴上的扎线，鱼略凉后再将鱼放入七成热的油锅内炸至金黄色捞出。将鱼稍凉后再放入八成热的油锅内炸至焦黄色，待鱼身浮上油面，捞出装盘，用干净的布将鱼按松。

⑥在第二次复炸鱼的同时，另取一只炒锅上火，舀入花生油烧热，放入葱、姜炸香，加酱油、料酒、白糖和清水，同烧。

⑦待锅内烧沸后，用水淀粉勾芡，再淋入香油、醋、韭黄段、熟花生油，制成糖醋卤汁。

⑧在制卤汁的同时，另取炒锅上火，烧至锅底灼热时，舀入熟花生油，及时将另一口锅内的卤汁倒入，将鱼和卤汁快速端到席面，趁热将卤汁浇在鱼身上。

⑨用筷子将鱼拆松，使卤汁充分地渗透鱼内部即成。

5）制作要点

①鳜鱼挂糊时要均匀，需一手提鱼尾，一手抓鱼头。

②要趁热将卤汁浇在鱼身上。

6）成品特点

外焦脆，里鲜嫩，醋香扑鼻，甜酸适口。

7）任务评价

项目 \ 分数 \ 指标	刀工	口感	色泽	口味	盘形	动作	速度	卫生	节约	合计
标准分（百分制）	15	20	20	20	5	5	5	5	5	100
扣分										
实得分										

8）能力拓展

滑熘虾仁

用料规格：

虾仁300克，芦笋200克，盐1茶匙（5克），淀粉2茶匙（10克），料酒1汤匙（15毫升），葱3克，姜3克。

制作方法：

①将虾仁放在砧板上，轻压住虾背，用小刀沿着虾背切一刀，不要切断，深度为虾肉的1/2。然后将背部的黑线挑出，黑线就是我们常说的“虾线”。

②将虾仁洗净，沥干水后加入1/2茶匙盐，用淀粉、料酒拌匀，腌制10分钟。芦笋洗净后，斜着切成段，并将葱切成片，姜切成丝备用。

③锅中加入少许油，中火加至7成热时放入葱片、姜丝，炒出香味，倒入腌好的虾仁，保持中火，用铲子快速滑散。虾仁开始变色后，倒入芦笋一起翻炒均匀，炒到虾仁变红，加入剩余的盐调味即可。

制作要点：

①沿着虾背切一刀，不要切断，深度为虾肉的1/2。

②需挑出虾线。

成品特点：

晶莹剔透，味道鲜美，爽滑软嫩。

任务22 锅贴鲈鱼

图3.22 锅贴鲈鱼

1）任务

学习制作锅贴鲈鱼。

2）目标

了解锅贴鲈鱼的用料规格和制作过程，掌握其制作要点。

3）用料规格

猪肥肉225克，净鲈鱼肉300克，鸡蛋3个，精盐10克，味精3克，麻油2克，胡椒粉3克，湿淀粉、干淀粉各10克，花生油750克，椒盐5克，鸡汁适量。

4）制作方法

①猪肥肉改成长约5厘米、宽约3厘米的长方形片，用精盐、味精、鸡蛋腌制。鲈鱼肉改成长约5厘米、宽约3厘米的长方形片，放入精盐、味精、麻油、胡椒粉拌匀。

②将鸡蛋、湿淀粉调成浓糊，用70%鸡蛋糊抹匀鱼肉，用30%鸡蛋糊将腌好的肥肉拌匀。

③在大盘上撒上干淀粉，将肥肉排在盘上，再将鱼肉贴在肥肉上。锅放底油烧热，端离火位，将鱼肉排在锅中，放回炉上半煎半炸至两面呈金黄色，倒入漏勺控油。用剪刀将鱼肉剪齐摆放在盘中。另与鸡汁、椒盐同时上桌。

5）制作要点

①两种原料均切成长约5厘米、宽约3厘米的长方形片。

②鸡蛋糊抹均匀。

6）成品特点

香脆可口，甘香宜人。

7）任务评价

指标 分数 项目	刀工	口感	色泽	口味	盘形	动作	速度	卫生	节约	合计
标准分（百分制）	15	20	20	20	5	5	5	5	5	100
扣分										
实得分										

8）能力拓展

洪泽湖活鱼锅贴

用料规格：

洪泽湖杂鱼500克，面粉200克，料酒2克，干红辣椒2克，花椒3克，蒜3克，姜2克，香菜3克，葱2克，胡椒粉2克，盐5克，酱油10克，醋2克，淀粉30克，食用油适量。

制作方法：

①将葱切段、姜切片，杂鱼清理干净涂抹淀粉，锅置于火上，放食用油烧热，放入杂鱼煎至两面呈金黄色。面粉和成冷水面团（稍微软一点）待用。

②另置锅煸香葱、姜、蒜、干红辣椒，放入热水。将煎好的杂鱼放入锅里、面团摘剂贴在锅四周，大火烧开，放入盐、酱油、醋、花椒，转小火慢烧。

③起锅放香菜撒胡椒粉，将面饼摆在盘子四周即可。

制作要点：

①均匀涂抹干淀粉。

②小火慢烧。

成品特点：

色泽黄亮，杂鱼鲜嫩爽口，面饼香脆可口。

任务23　煎烹大虾

图3.23　煎烹大虾

1）任务

学习制作煎烹大虾。

2）目标

了解煎烹大虾的用料规格和制作过程，掌握其制作要点。

3）用料规格

净大虾300克，葱丝、姜丝各10克，蒜片10克，香菜段15克，酱油10克，精盐1.5克，味精1克，白糖10克，醋5克，料酒5克，面粉25克，蛋液100克，花生油150克，清汤25克。

4）制作方法

①将大虾去皮、枪、须、筋，洗净，从背部剖开腹部相连，剞上十字花刀，放入盘内加精盐、味精、料酒拌匀，蘸匀面粉；在碗内放入精盐、味精、料酒、白糖、醋、清汤兑成汁。

②锅内加花生油，烧至140 ℃左右时，提着虾尾蘸满蛋液放入锅中煎熟呈金黄色，取出

切成1.5厘米宽的条，保持原样摆入盘中。

③锅内留油，加上葱丝、姜丝、蒜片烹出香味，加上香菜段炒，倒入兑好的汁，烧开后浇在大虾上即成。

5）制作要点

煎虾时注意控制火候。

6）成品特点

外焦里嫩，色泽金黄，味道鲜美，略带汤汁。

7）任务评价

项目＼分数＼指标	刀工	口感	色泽	口味	盘形	动作	速度	卫生	节约	合计
标准分（百分制）	15	20	20	20	5	5	5	5	5	100
扣分										
实得分										

8）能力拓展

酥鲫鱼

用料规格：

鲫鱼8条（约500克），海带250克，胡萝卜、去皮荸荠各150克，葱、白糖、姜各20克，酱油15克，料酒10克，香油5克，醋30克，精盐15克，大茴香5克，砂仁5克，豆蔻5克，丁香5克，桂皮5克，甘草5克。

制作方法：

①将鲫鱼去鳞、鳃及内脏，刮净腹内黑膜，洗净后沥水。海带泡发后洗净，葱切成段，姜拍松，大茴香用纱布包好。

②取一砂锅，锅内放入葱段、姜，将鲫鱼整齐地放入锅内，将大茴香、砂仁、豆蔻、丁香、桂皮、甘草等放在鱼中间，用海带裹着胡萝卜做成胡萝卜卷放在鱼上面，上放荸荠，用较宽的海带覆其上面，再用平盘扣压住。

③碗内放白糖、醋、料酒、酱油、香油、精盐，加适量清水调匀，然后倒入砂锅内，上火烧，再转小火慢烧，待鲫鱼酥透，呈酱黑色时（约需2小时）离火待凉，淋上香油及原汁即成。

制作要点：

①鲫鱼清洗干净。

②烧制鲫鱼时注意火候。

成品特点：

肉烂骨酥，甜咸略酸，健脾利水，化痰利湿。

任务24 三鲜脱骨鱼

图3.24 三鲜脱骨鱼

1）任务

学习制作三鲜脱骨鱼。

2）目标

了解三鲜脱骨鱼的用料规格和制作过程，掌握其制作要点。

3）用料规格

鲤鱼1条（重约750克），猪夹心肉75克，虾仁25克，鸡肫30克（切成丁），冬笋25克（切成丁），水发冬菇15克（切成丁），熟猪油、绍酒各20克，精盐2克，酱油5克，精盐4克，葱姜汁、味精各3克，葱、姜、白糖各5克。

4）制作方法

①将鲤鱼平放于砧板上，在鱼尾处横切一刀，刀断脊骨。

②用长薄形尖刀从两刀口处伸进，沿脊骨轻轻将骨肉割离，从鳃口处取出脊骨和内脏，洗净沥干。

③将猪夹心肉剁成蓉，放入碗内加绍酒、精盐、葱姜汁、味精拌匀。再放入冬菇丁、冬笋丁、鸡肫丁、虾仁，拌和后从鱼鳃盖下刀口处填入鱼腹。

④再用酱油抹遍鱼身。

⑤锅置于火上烧热，舀入熟猪油，烧至七成热（约154 ℃）时，投入鱼煎至两面金黄，加入绍酒、酱油、精盐、葱、姜、白糖和适量清水，盖上锅盖烧沸。

⑥转小火烧20分钟，淋入熟猪油，再转旺火收稠汤汁，起锅装盘即成。

5）制作要点

①酱油均匀抹遍鱼身。

②两面煎黄。

6）成品特点

鱼形完整，腹藏三鲜，质地鲜嫩，味道鲜美。

7）任务评价

指标 分数 项目	刀工	口感	色泽	口味	盘形	动作	速度	卫生	节约	合计
标准分（百分制）	15	20	20	20	5	5	5	5	5	100
扣分										
实得分										

8）能力拓展

冬瓜四灵

用料规格：

嫩冬瓜1个（约1 000克），甲鱼肉（切块）50克，熟火腿（切片）25克，熟鸡脯肉（切片）50克，冬瓜球75克，水发冬菇15克，青菜心25克，熟蛋糕（片）25克，净鱼肉50克，葱25克，姜20克，精盐6克，绍酒30克，清鸡汤200克，猪油1 250克（实耗100克）。

制作方法：

①将鱼肉片成长柳叶形，加调料上浆后滑油。甲鱼切成长方块，焯水洗净。火腿、鸡脯肉分别切片。

②将鸡片、火腿片、鱼片、甲鱼块分别摆在扣碗的4个角，即“四灵”。甲鱼块上放冬瓜球、冬菇、葱、姜、精盐、绍酒、清鸡汤，上笼蒸至酥烂取出，拣去葱、姜。

③冬瓜刮去外皮，刻上花纹，在一头开盖，去瓤洗净，下入五成热的油锅中焐至断生，捞出放入汤碗中。舀入清鸡汤，加精盐、绍酒、葱、姜，连盖一起上笼蒸透，取出滗去汤。把冬瓜口朝上放入另一汤盘中，将扣入碗中的“四灵”拖入冬瓜中，再加入清鸡汤、精盐、绍酒，最上面摆上冬瓜球、蛋糕片、青菜心，上笼蒸5分钟，取出即成。

制作要点：

①鱼肉改刀成柳叶形。

②整齐摆好原料。

成品特点：

冬瓜碧绿，四灵四色，四味互补，汤鲜汁醇，味美而厚。

任务25　五香熏鱼

1）任务

学习制作五香熏鱼。

图3.25　五香熏鱼

2）目标

了解五香熏鱼的用料规格和制作过程，掌握其制作要点。

3）用料规格

鲅鱼1 000克，大葱50克，姜50克，酱油50克，味精5克，白糖200克，香油50克，精盐2克，五香粉3克。

4）制作方法

①将大葱切成段，姜切片。将鲅鱼去鳞、鳃和内脏，洗净后切成1.2厘米厚的抹刀片。

②将鱼片放在盘内，加入精盐、酱油、味精、白糖、葱、姜、五香粉，腌2～3小时后，上笼蒸熟后取出。将鱼片一片片地摆在熏屉里，盖上熏屉盖，锅内加白糖，移至微火上加热，将熏屉放入锅内。熏制后，将鱼片取出，抹上香油装盘即可。

5）制作要点

①清洗干净。

②注意鱼片腌制时长。

6）成品特点

外香甜，内鲜嫩，甜成并举，色味俱佳。

7）任务评价

项目＼分数＼指标	刀工	口感	色泽	口味	盘形	动作	速度	卫生	节约	合计
标准分（百分制）	15	20	20	20	5	5	5	5	5	100
扣分										
实得分										

8）能力拓展

生熏白鱼

用料规格：

白鱼750克，青菜200克，葱200克，酱油40克，料酒15克，盐5克，香油10克，味精1克，姜10克，白糖10克，锯末适量，盐100克。

制作方法：

①将白鱼洗净，沿着鱼腹和脊椎切上下两条切口，再将鱼切成两半，鱼头那半稍长，鱼尾那半稍短。

②加料酒、盐、酱油、白糖、味精、葱、姜，腌2～3小时。

③取锅1只，将锯末和水放入锅中，搅拌好。

④一张圆形金属网放在锅中，青菜排在金属网上，以防鱼熟后附在其上。

⑤葱数条排在青菜上，再把腌好的白鱼放在青菜上，盖紧锅盖，使烟不至于漏出。

⑥将锅置于火上，先放水和锯末使其发出热气，直至锯末的水分快干时，白鱼大致已熟。

⑦将锅烧热，直至锯末冒烟时，一只手抓白糖，一只手打开锅盖，立即将白糖撒在锅的周围，快速将锅盖盖上。

⑧锅中冒出浓烟，用此烟熏鱼，1～2分钟就可取出。

⑨鱼放在盘子里，淋上香油即成。

制作要点：

①青菜排在金属网上，以防鱼熟后附在金属网上。

②锯末适量。

成品特点：

咸鲜适口，口味俱佳。

任务26　红油炝鱼片

1）任务

学习制作红油炝鱼片。

图3.26　红油炝鱼片

2）目标

了解红油炝鱼片用料规格和制作过程，掌握其制作要点。

3）用料规格

黑鱼1条（约1 000克），红油50克，辣酱油15克，鸡蛋1个，葱10克，姜10克，味精1克，绍酒15克，酱油20克，精盐3克，白糖5克，葱姜汁15我，芝麻油25克，淀粉30克，花生油1 000克（实耗100克）。

4）制作方法

①将黑鱼宰杀，去鳃、鳞、内脏，洗净，批成4厘米长的片。

②鱼片中放入湿淀粉、鸡蛋、精盐、葱姜汁，味精上浆。

③炒锅置于火上，加入花生油，烧至五成热时将鱼片下入锅中，滑油至熟装入盘中。

④锅中放入少量热水、酱油、精盐、白糖、葱姜汁、辣酱油、绍酒、味精烧开调好味烧在鱼片上。

⑤锅重置于火上，倒入红油烧热均匀地浇在鱼片上，淋上芝麻油即可。

5）制作要点

①鱼片滑油时，油温要把握好，保持鱼片嫩度。

②红油要烧热浇在鱼片上。

6）成品特点

滑嫩，吃口爽辣。

7）任务评价

项目 \ 分数 \ 指标	刀工	口感	色泽	口味	盘形	动作	速度	卫生	节约	合计
标准分（百分制）	15	20	20	20	5	5	5	5	5	100
扣分										
实得分										

8）能力拓展

炝虎尾

用料规格：

活小鳝鱼1 000克，大蒜25克，香菜50克，香油50克，味精10克，酱油50克，香醋25克，胡椒粉2.5克，清鸡汤50克，精盐10克，葱10克，姜10克。

制作方法：

①取铁锅（或铝桶）1个，倒入清水，上火烧开，加入葱、姜（拍松）、精盐、香醋15克，将鳝鱼全部下锅，盖严，以防鳝鱼蹿出。鳝鱼被烫死后，揭开锅盖，用手勺将鳝鱼轻轻地搅动，以除鳝鱼身上的黏液。锅内冲入一些凉水，转微火略烧片刻，捞出鳝鱼，用清水冲洗干净。然后，将鳝鱼逐条放在案板上，左手捏住头，右手持竹刀从鳝鱼的鳃部插进，划至其肛门处。再用竹刀贴鳝鱼脊背骨插入一半深，划至尾部，随手将鳝鱼翻身，划下三棱骨，去掉内脏，将鱼肉以尾为齐码好。用刀在离鳝鱼尾7.5厘米处齐刀切下，整齐地放在盘内（此菜只选用鳝鱼尾）。

②取小调料碗1个，内放清鸡汤、味精、酱油、香醋、胡椒粉，用筷子调匀成汁液。将大蒜洗净后切成末，香菜择洗干净后，消毒备用。

③取锅上火，倒入清水烧开，下入鳝尾肉烫透，捞出控干水分，整齐地码在盘内，浇上已兑好的汁液，中间放上蒜末。另取小锅上火，倒入香油，烧至八成热，浇在蒜末上。香菜围于盘边，即可上席。

制作要点：

①选用鳝鱼尾。

②鳝尾肉要烫透。

成品特点：
色泽金黄，鳝尾肉鲜嫩油润，码在盘内似虎尾。

任务27 醉 蟹

图3.27 醉蟹

1）任务

学习制作醉蟹。

2）目标

了解醉蟹的用料规格和制作过程，掌握其制作要点。

3）用料规格

螃蟹750克，精盐15克，花椒5克，大蒜5克，姜5克，黄酒250克，酱油15克，冰糖5克，高粱酒250克。

4）制作方法

①将螃蟹洗干净，沥去水，取花椒、精盐，下锅炒出香味，盛出凉透，称取20克使用。

②把姜拍松，取螃蟹撇开脐盖，挤出脐底污物，放一小撮盐，放一粒花椒后合上。然后掰下一个蟹爪尖，从脐盖上部扎入以钉牢脐盖，并放入小坛内。取酱油倒入坛内，加黄酒、姜块、大蒜、冰糖，最后倒入高粱酒，用油纸盖坛口密封。一个星期后即可开坛食用。

5）制作要点

①原料需清洗干净。
②坛口要密封。

6）成品特点

青微泛黄，味甜，有浓郁酒香。

7）任务评价

项目 \ 分数 指标	刀工	口感	色泽	口味	盘形	动作	速度	卫生	节约	合计
标准分（百分制）	15	20	20	20	5	5	5	5	5	100
扣分										
实得分										

8）能力拓展

蟹粉鱼云

用料规格：

鲜蟹粉150克，鲜鱼云（鲢鱼鳃喉部肉）500克，菜心300克，葱姜汁50克，葱姜米20克，绍酒25克，鸡汤25克，白酱油10克，白糖5克，白胡椒粉2克，花椒5克，湿淀粉20克，熟猪油75克。

制作方法：

①将鲜鱼云放入葱姜汁、花椒水中浸泡1小时后焯水。

②鲜蟹粉放入炸香葱姜米的油锅中煸炒，加鸡汤、调料略烧，放入鱼云。

③烧透后，以湿淀粉勾芡。

④用炒好的菜心围边，鱼云装入盘中，撒白胡椒粉即成。

制作要点：

①鱼云腌制入味。

②煸炒蟹粉时注意火候。

成品特点：

蟹粉鲜香，鱼云细嫩。

任务28　翡翠虾球

图3.28　翡翠虾球

1）任务

学习制作翡翠虾球。

2）目标

了解翡翠虾仁的用料规格和制作过程，掌握其制作要点。

3）用料规格

虾仁200克，鲜蚕豆仁150克，肥膘肉50克，鸡蛋清1只，精盐1克，味精1克，干淀粉10克，花椒盐1克，黄酒10克，葱姜汁10克，色拉油1 000克（实耗100克）。

4）制作方法

①将虾仁、肥膘肉分别斩成蓉，加鸡蛋清、干淀粉、黄酒、葱姜汁、精盐、味精搅匀，再将蚕豆仁略斩后放入虾馅中搅匀。

②锅内放油烧至六成热，将虾仁蚕豆馅挤成丸子，放入锅内炸至丸子轻浮于油面，捞起沥油，待油温升至七成热时，放入虾球复炸，使外壳起脆，捞起沥油，即成翡翠虾球。

5）制作要点

①虾仁要去尽水分，搅拌上劲。

②虾球要挤得光滑，大小一致。

③要控制好油温，初炸丸子时油温不宜过高，复炸时油温要略高，时间要短。

6）成品特点

色彩鲜明，蚕豆仁鲜嫩翠绿，虾肉软嫩。

7）任务评价

项目 \ 分数 \ 指标	刀工	口感	色泽	口味	盘形	动作	速度	卫生	节约	合计
标准分（百分制）	15	20	20	20	5	5	5	5	5	100
扣分										
实得分										

8）能力拓展

脆皮虾球

用料规格：

虾仁250克，熟荸荠50克，熟肥膘肉30克，鸡蛋1只，面包屑100克，精盐1克，味精1克，黄酒10克，葱姜汁10克，干淀粉10克，花椒盐5克，番茄酱50克。

制作方法：

①洗净虾仁，挤干水分，与熟肥膘肉分别斩成蓉，熟荸荠切成碎粒，一起放入盛器中，加精盐、味精、黄酒、葱姜汁、干淀粉、鸡蛋搅拌成虾馅。

②将虾馅挤成草莓大小的虾球，均匀地蘸上面包屑，用手滚紧，滚圆放在盘中。

③锅内放油烧至六成热时，放入虾球，用手勺翻动，使虾球呈淡黄色，浮上油面，捞起沥油。待油温升至七成热时，将虾球复炸至金黄色，捞起装盘。上桌时带花椒盐、番茄酱。

制作要点：

①虾仁要去净水分，虾馅要搅拌得恰到好处，太稀会影响造型。

②面包屑要粘牢，以防脱落。

③掌握好炸制时的油温，确保虾球外表金黄香脆。

成品特点：

色泽金黄，外香脆，里鲜嫩。

任务29 凤尾虾排

图3.29 凤尾虾排

1）任务

学习制作凤尾虾排。

2）目标

了解凤尾虾排的用料规格和制作过程，掌握其制作要点。

3）用料规格

对虾12只，虾仁100克，肥膘肉30克，鸡蛋（1个）清，面包屑150克，精盐1克，味精1克，黄酒5克，葱姜汁10克，干淀粉50克，花椒盐2克，麻油5克。

4）制作方法

①将虾仁洗净后沥干水分，与肥膘肉分别斩成蓉，加精盐、味精、黄酒、葱姜汁、鸡蛋清、干淀粉搅匀上劲成虾馅。

②将对虾逐一剥去头和身壳（留虾尾壳）成凤尾虾，加葱姜汁、精盐、黄酒拌入味。

③先将凤尾虾放在干淀粉上，用面棍将虾肉轻轻敲打成汤勺大小的片。再将虾馅均匀地抹在虾片的两面，粘上面包屑按实，即成凤尾虾排生坯。

④锅内放油烧至六成热时，放入凤尾虾排生坯，炸成淡金黄色时捞起沥油。待油温升至七成热时，将凤尾虾排复炸至金黄色捞起，排在盘中，撒上花椒盐，淋上麻油。

5）制作要点

①虾馅要搅匀上劲，水分不宜多。

②敲虾排时干淀粉要适量，要保持虾尾不能脱落，不然影响造型。

③虾馅粘贴虾片时要厚薄均匀，面包屑要粘牢。

④掌握好油温，虾排不能炸得太老，以防焦枯。

6）成品特点

虾尾翻翘形似凤尾，色泽金黄，外酥香，里鲜嫩。

7）任务评价

项目 \ 分数 \ 指标	刀工	口感	色泽	口味	盘形	动作	速度	卫生	节约	合计
标准分（百分制）	15	20	20	20	5	5	5	5	5	100
扣分										
实得分										

8）能力拓展

面包芙蓉虾

用料规格：

虾仁150克，咸面包2只（250克），熟肥膘肉50克，熟火腿末10克，青菜叶末10克，鸡蛋（1个）清。味精3克，精盐5克，葱姜汁10克，黄酒10克，花椒盐20克，番茄酱50克，麻油5克，花生油1 000克（实耗100克）。

制作方法：

①将虾仁洗净后沥去水分，与熟肥膘肉分别斩成蓉。加鸡蛋清、黄酒、葱姜汁、味精、精盐搅和上劲成芙蓉虾馅。

②先将咸面包切去边皮，再切成7厘米长、3厘米宽、0.7厘米厚的长方片。

③将芙蓉虾馅均匀地抹在面包片上，馅厚约0.5厘米，并间隔地放上熟火腿和青菜叶末，即成面包芙蓉虾生坯。

④炒锅上火烧热，放入少许花生油，将面包芙蓉虾生坯排放在锅内，用中小火煎至面包底部呈淡黄色时倒入漏勺中。锅内放花生油烧至六成热，将面包芙蓉虾养炸成熟，至虾仁白嫩、面包香脆后捞起沥尽油，切成一字形条，整齐地排放在盘中，淋上麻油，带上花椒盐和番茄酱同食。

制作要点：

①须选用咸面包，因含糖面包易焦化，影响色泽、口感。

②虾馅要和面包粘牢，火腿末和青菜叶末要按实在虾馅上，炸时才不易脱落。

③烹调时，必须先煎后炸，炸时控制好火候和油温，以确保面包松脆、虾馅白嫩。

成品特点：

面包松脆，虾茸白嫩似芙蓉，色彩鲜艳。

任务30 交切虾

1）任务

学习制作交切虾。

图3.30 交切虾

2）目标

了解交切虾的用料规格和制作过程，掌握其制作要点。

3）用料规格

虾仁150克，豆腐皮2张，炒熟芝麻100克，鸡蛋（1个）清，精盐1.5克，黄酒10克，葱姜汁10克，花生油1 000克（实耗75克）。

4）制作方法

①将虾仁剁成蓉，加葱姜汁、鸡蛋清、黄酒、精盐拌匀上劲成馅。豆腐皮先用干净湿布覆盖在上面使其回软，再用刀切成10厘米长、7厘米宽的长方片，在豆腐皮的两面抹上虾馅，蘸上芝麻，成交切虾生坯。

②炒锅上火烧热，舀入花生油滑锅，将交切虾生坯入锅烙热，取出冷却。原锅复上火，舀入花生油，烧至六成热时，放入交切虾炸成金黄色，倒入漏勺沥油，切成斜角块，装盘即成。

5）制作要点

①豆腐皮两面的虾馅要抹平，芝麻要均匀地蘸满，而且要捏实，防止芝麻脱落。

②炸虾仁生坯时，油温不能过高，否则芝麻易枯。

6）成品特点

色泽金黄，香鲜薄脆。

7）任务评价

项目 \ 分数 \ 指标	刀工	口感	色泽	口味	盘形	动作	速度	卫生	节约	合计
标准分（百分制）	15	20	20	20	5	5	5	5	5	100
扣分										
实得分										

8）能力拓展

椒盐黄鱼

用料规格：

鲜小黄鱼10条，鸡蛋2个，粳米粉100克，面粉50克，葱段10克，姜片10克，黄酒15克，精盐2克，味精1克，胡椒粉1克，麻油25克，色拉油1 000克（实耗150克）。

制作方法：

①将小黄鱼初加工后洗净，在鱼身两侧剞刀，加葱段、姜片、黄酒、精盐、味精、胡

椒粉腌制入味。

②将鸡蛋磕入盆中，加粳米粉、面粉、水调成全蛋糊。

③锅内放色拉油烧至七成热时，将小黄鱼均匀地拖上全蛋糊放入油中炸制，使外表结壳，鱼体上浮油面时，捞起沥油。待油温升至八成热时，将鱼复炸至外表金黄色、酥脆，捞起沥油。

④净锅上火，放入炸好的小黄鱼，淋上麻油，均匀地撒上花椒盐，翻锅装盘即成。

制作要点：

①小黄鱼剞刀后要腌制入味。

②全蛋糊的稀稠度要适中，拖糊时要均匀地包住鱼体。

③炸制鱼时要控制好油温，初炸时要定型养炸，复炸时要定色炸透。

成品特点：

外表脆香，里面鲜嫩。

任务31 茄汁鱼花

1）任务

学习制作茄汁鱼花。

2）目标

了解茄汁鱼花的用料规格和制作过程，掌握其制作要点。

图3.31 茄汁鱼花

3）用料规格

鱼脯肉600克，香菜25克，葱丝20克，泡辣椒丝15克，姜丝5克，蛋黄末5克，番茄酱30克，白糖20克，柠檬酸适量，鲜汤125克，水淀粉15克，精盐5克，芝麻油5克，料酒15克，姜葱汁3克，干淀粉200克，色拉油1 000克（实耗125克）。

4）制作方法

①将香菜洗净，泡辣椒丝、葱丝分别漂在清水中。鱼脯肉皮面朝下，用刀剞成每根长3厘米、粗0.5厘米（也是刀距尺度）的花纹，再切成边长为4～5厘米的方块，加入精盐、料酒、姜葱汁拌匀，着味15分钟。

②锅置于旺火上，放色拉油烧至七成热。将鱼花拍上干淀粉放入，炸成菊花形，当鱼花炸成金黄色时，捞出装在盘中，周围镶上香菜、葱丝、泡辣椒丝、姜丝。

③锅内留油，放入番茄酱炒至色拉油呈红色，加入鲜汤、白糖、柠檬酸、水淀粉、芝麻油收汁，待亮油时浇淋在鱼花上，在花心中点入蛋黄末即成。

5）制作要点

①鱼脯肉要厚、新鲜、无血污、无异味。

②鱼脯肉剞刀时，如肉薄可斜刀剞成斜丝。

③炸鱼花时应用大漏勺垫着，在高油温进行，动作应少而准，轻而稳。

6）成品特点

色红如菊花，味甜酸可口。

7）任务评价

项目＼分数＼指标	刀工	口感	色泽	口味	盘形	动作	速度	卫生	节约	合计
标准分（百分制）	15	20	20	20	5	5	5	5	5	100
扣分										
实得分										

8）能力拓展

熘刀鱼

用料规格：

刀鱼350克，鸡蛋2个，粳米粉75克，面粉75克，黄酒40克，精盐2克，葱花、姜末各5克，蒜泥5克，酱油10克，白糖100克，醋30克，湿淀粉30克，麻油30克，花生油1 000克（实耗100克）。

制作过程：

①将刀鱼去鳞、鳃，用筷子从鳃口伸入鱼肚内绞去内脏，洗净，切去头、尾。然后将鱼身两面剞刀后切成斜刀块，放入碗内，加精盐、黄酒，浸渍20分钟待用。鸡蛋磕入碗内，加粳米粉、面粉和适量的清水搅拌成全蛋糊，取出鱼块沥干水，放入蛋糊中拌匀待用。

②炒锅置于火上，舀入花生油，烧至七成热时，将鱼块挂糊后逐块放入油锅炸透捞出，用手抽取鱼脊骨，待油温烧至八成热时，倒入鱼块复炸，鱼块呈金黄色时倒入漏勺沥油。锅内留少许油上火，放葱花、姜末、蒜泥炸出香味。加酱油、白糖、清水烧沸，用湿淀粉勾芡，淋醋、麻油，倒入鱼块颠锅，使鱼块均匀蘸上卤汁后出锅装盘。

制作要点：

①刀鱼加工不剖腹，从鳃口挖去内脏，否则影响成形和美观。

②刀鱼第一次油炸后，要抽去脊骨，否则影响口感。

成品特点：

色泽棕黄光润，刀鱼鲜嫩外香里酥，卤汁酸甜。

任务32 蛤蜊鱼

图3.32 蛤蜊鱼

1）任务

学习制作蛤蜊鱼。

2）目标

了解蛤蜊鱼的用料规格和制作过程，掌握其制作要点。

3）用料规格

青鱼中段300克，虾仁100克，生肥膘肉50克，鸡蛋（2个）清，番茄酱35克，白糖40克，精盐2克，黄酒15克，葱花、姜末各5克，葱姜酒汁10克，醋15克，味精1克，麻油5克，色拉油500克（实耗75克），湿淀粉适量。

4）制作过程

①将青鱼中段软边用刀剔去腹刺，切成一刀断一刀连的鱼片。将切好的鱼片用葱姜酒汁、精盐浸渍入味待用。

②将虾仁、肥膘肉分别剁成蓉，放入碗中，加黄酒、葱姜酒汁、鸡蛋（1个）清、精盐、湿淀粉搅拌成虾馅待用，剩余鸡蛋清加湿淀粉调成蛋清糊待用。

③将浸渍好的鱼片摊在盘中，鱼片朝上抹一层蛋清糊。将虾馅挤成虾丸放在鱼片中间，合上鱼片修成半月形，即成蛤蜊鱼生坯，放入留有底油的盘内。

④炒锅置于火上，舀入色拉油烧至四成热时，将蛤蜊鱼生坯放入，呈白色时捞起沥油。炒锅复置于火上，舀入少许油，倒入葱花、姜末炸香，放入黄酒、番茄酱、白糖，用湿淀粉勾芡，倒入蛤蜊鱼轻翻几下，淋醋、麻油后起锅装盘。

5）制作要点

①选料要新鲜，鱼片包裹虾馅时不可过量，用浆粘口时要附着均匀。

②蛤蜊鱼养油时油温不能过高，最好先用手勺将热油浇入盘内，以利定形，避免开口脱馅。

③勾芡要均匀，现做现食最好。

6）成品特点

形似蛤蜊，软嫩鲜美。

7）任务评价

项目 \ 分数 \ 指标	刀工	口感	色泽	口味	盘形	动作	速度	卫生	节约	合计
标准分（百分制）	15	20	20	20	5	5	5	5	5	100
扣分										
实得分										

8）能力拓展

三丝鱼卷

用料规格：

净草鱼肉250克，水发香菇50克，火腿35克，熟笋50克，精盐2克，味精1克，绍酒10克，熟猪油10克，葱段10克，姜片5克，姜汁水5克，干淀粉5克，湿淀粉5克。

制作方法：

①将草鱼宰杀洗净，沿脊骨片出两片鱼肉。取一片放砧板上，斜刀片成连刀蝴蝶片12片，皮朝上平摊在砧板上，淋上绍酒和姜汁水，再逐片拍上干淀粉。将火腿、熟笋、水发香菇切成比鱼片宽度略长的丝，葱切成同样长的段，整齐地放在鱼片上，紧紧卷成鱼卷。

②取腰盘一个，抹上一层熟猪油，加几滴水，把鱼卷整齐地排在盘中，上蒸笼用旺火蒸熟取出，滗去原汁待用。

③砂锅置于中火上，下熟猪油烧至五成热时，投入葱段、姜片，煸出香味，倒入原汁和清汤烧沸，拣去葱段、姜片，添加精盐、绍酒、味精，用湿淀粉勾玻璃芡，下入熟猪油推匀，浇在鱼卷上即成。

制作要点：

①鱼片大小长短一致，卷好搁置一会儿再入油锅。

②掌握油温，免得鱼卷脱浆或散碎。

成品特点：

鱼卷整齐，肉质鲜嫩，滑爽利口，醇香馥郁。

任务33　清汤捶虾

图3.33　清汤捶虾

1）任务

学习制作清汤捶虾。

2）目标

了解清汤捶虾的用料规格和制作过程，掌握其制作要点。

3）用料规格

大鲜虾500克，发菜5克，精盐5克，味精2克，干淀粉100克，鲜汤750克。

4）制作方法

①将大鲜虾去头及身部壳，留尾壳，洗净，用洁布吸去水分。砧板上放入干淀粉，虾肉放于干淀粉上，用小擀面杖将虾逐只捶扁。发菜用温水泡洗干净，打结成球放入碗内，加入鲜汤上沸水笼蒸15分钟。

②将捶扁的大虾放入沸水锅中汆熟取出，捏去尾壳，将蒸过的发菜球取出，放入汤碗内即成。

5）制作要点

将大虾捶扁时，用力要均匀，不要捶得太薄，以五分硬币的厚度为宜。发菜球不可太大，如荔枝大小为好。

6）成品特点

尾红肉白如玉兰花片，汤汁清澄味鲜，发菜结球漂浮。

7）任务评价

项目 \ 分数 \ 指标	刀工	口感	色泽	口味	盘形	动作	速度	卫生	节约	合计
标准分（百分制）	15	20	20	20	5	5	5	5	5	100
扣分										
实得分										

8）能力拓展

淡菜萝卜丝汆鲫鱼

用料规格：

活鲫鱼800克，萝卜50克，淡菜30克，姜（切片）30克，葱结30克，黄酒25克，醋100克，精盐1.5克，味精1克，熟猪油130克。

制作方法：

①将活鲫鱼宰杀洗净，削去颌下老肉洗净待用。淡菜用温水泡开，去毛洗净。萝卜切去须，削去皮，切成细丝，入沸水锅焯熟，捞出放入冷水中浸泡待用。

②炒锅上火烧热，舀入熟猪油，烧至七成热时放入姜片、葱结炸出香味，加入清水，汆入鲫鱼，加黄酒、淡菜烧沸。撇去浮沫，移小火略焖，待汤汁乳白时移至旺火上，加入熟猪油，放入萝卜丝煮沸，加精盐、味精，起锅盛入汤碗即可。

制作要点：

①严格控制火候，以防鲫鱼散碎变形。

②盐不能过早加入，以防止蛋白质过早凝固，影响汤汁的颜色。

成品特点：

汤汁颜色乳白且味鲜，鱼肉细嫩，萝卜丝清香解腥增味。

任务34　原焖鱼翅

图3.34　原焖鱼翅

1）任务

学习制作原焖鱼翅。

2）目标

了解原焖鱼翅用料规格和制作过程，掌握其制作要点。

3）用料规格

水发鱼翅750克，火腿片100克，熟鸡肫片75克，鸡腿2只，熟猪肥膘肉1块，熟鸡皮50克，熟冬笋片250克，熟鸡脯肉100克，水发冬菇片30克，虾25克，精盐5克，青菜心8棵，姜片20克，清鸡汤1 500克，熟猪油100克，绍酒50克，葱结50克。

4）制作方法

①将水发鱼翅片成两片出水后，排叠在大汤碗内。加清鸡汤，放入葱结、姜片、火腿，盖上猪肥膘肉，上笼用旺火蒸约20分钟，滗去汤。再加清鸡汤，上笼复蒸20分钟。

②滗去汤汁，拣去葱、姜、鸡腿、火腿片、猪肥膘肉，再放入熟冬笋片、熟鸡肫片、熟鸡脯肉、熟鸡皮、水发冬菇片，加绍酒、清鸡汤，第3次上笼蒸约20分钟。

③将锅置于火上，舀入熟猪油烧热，放入青菜心，煸炒至翠绿色，倒入砂锅中。将鱼翅平铺在砂锅内，舀入清鸡汤，加熟猪油、绍酒、精盐、虾，盖上锅盖，用小火焖约10分钟即成。

5）制作要点

①鱼翅要加工彻底，吊汤去腥彻底。

②把握好焖制时间。

6）成品特点

翅丝明亮整齐，糯软滋润，汁浓味鲜。

7）任务评价

项目 分数 指标	刀工	口感	色泽	口味	盘形	动作	速度	卫生	节约	合计
标准分（百分制）	15	20	20	20	5	5	5	5	5	100
扣分										
实得分										

8）能力拓展

生焖甲鱼

用料规格：

甲鱼1 000克，红辣椒20克，精盐4克，料酒25克，姜25克，大蒜50克，熟猪油100克，香油10克，味精3克，肉汤350克。

制作方法：

①将甲鱼宰杀洗净，斩成3厘米见方的块；姜洗净，刮皮切丁；红辣椒去蒂、籽，切柳叶片；大蒜去衣洗净。

②炒锅置于旺火上烧热，放熟猪油，先把大蒜炸香取出。然后把甲鱼入锅煸炒，炒至断血水。加料酒、姜丁、红辣椒，加入肉汤350克，移至中火焖制。

③待甲鱼肉炖烂时，放大蒜，直至甲鱼肉焖烂收稠汤汁，放精盐、味精调味，淋入香油，起锅装盘。

制作要点：

①甲鱼要清洗干净。

②焖制时间要充足。

成品特点：

肉质酥烂，口味浓鲜。

任务35　三丝扒开乌

1）任务

学习制作三丝扒开乌。

图3.35　三丝扒开乌

2）目标

了解三丝扒开乌的用料规格和制作过程，掌握其制作要点。

3）用料规格

海参1 000克，熟火腿25克，熟笋丝50克，熟鸡丝100克，青菜心100克，生鸡腿150克，火腿筒子骨1根，虾子1克，黄酒50克，酱油25克，葱结8克，姜块6克，清鸡汤900克，精盐1.5克，湿淀粉10克，熟猪油50克，胡椒粉1克。

4）制作方法

①将海参去肠洗净，划上花刀，炒锅置于火上，锅里舀入清水，烧沸。生鸡腿与海参分别放入沸水锅中焯水。

②取砂锅1只，内放竹垫，将海参皮向下整齐地排入，再将鸡腿、火腿筒子骨（敲断）放入锅中，加入清鸡汤、姜块、葱结、虾子、酱油、精盐，锅上中火，烧沸，撇去浮沫。

③加黄酒、熟猪油，盖上锅盖，移小火上焖约1小时。拣去姜块、葱结、鸡腿、火腿筒子骨，放入火腿丝、熟笋丝、熟鸡丝、青菜心。

④将锅烧沸后提起竹垫连同海参等放入大碗中，翻身扣入大盘中，揭去碗垫，将原卤倒入砂锅，置于旺火上将汤汁收稠，用湿淀粉勾芡，淋入熟猪油，盛入海参盘中，撒上胡椒粉即可。

5）制作要点

①海参的黑膜及内脏中的泥沙一定要去净。

②焖制海参要用小火，辅助调料、配料要齐，才能增味减腥，保证海参味美。

③制作过程中不能损坏海参形态，否则影响美观。

6）成品特点

明亮整齐，软糯滑润，卤汁醇厚味浓。

7）任务评价

项目 \ 分数 \ 指标	刀工	口感	色泽	口味	盘形	动作	速度	卫生	节约	合计
标准分（百分制）	15	20	20	20	5	5	5	5	5	100
扣分										
实得分										

8）能力拓展

蟹粉扒翅

用料规格：

鱼翅（干）200克，嫩母鸡1 000克，猪肉（瘦）750克，蟹黄油200克，熟鸡油15克，胡椒粉2克，淀粉（蚕豆）10克，黄酒175克，姜45克，白酱油40克，大葱5克，小葱50克，盐

10克，白砂糖25克，香菜30克，熟猪油250克，清鸡汤适量。

制作方法：

①将锅置于旺火上烧热，舀入熟猪油100克，放入瘦肉（切丝），加黄酒略炒，放入清鸡汤，烧沸后转小火炖至酥烂，离火待用。大葱、小葱分别洗净，大葱切成丝，小葱挽成结。姜洗净，切成块，剩余切成丝。香菜择洗干净，切成段。将洗净的嫩母鸡切成4块，铺放在垫有竹箅的锅中。提前将鱼翅用水浸泡好，放入沸水锅中略氽，捞出，用清水漂洗，沥干水，排放在鸡块上。

②另取锅置于旺火上烧热，舀入熟猪油，烧至七成热时放入葱结、姜块炸香，连油倒在鱼翅上，盖上锅盖烧沸焖透。揭去盖，将肉丝和汤倒入，加精盐、白酱油、白砂糖，烧沸转小火焖2小时左右，至翅糯软汁稠，淋上熟猪油离火。

③取出锅内的鱼翅及原汁，扣入碗中，再放在笼上蒸透（鸡块、肉丝另作他用）。取锅置于旺火上烧热，舀入熟猪油，倒入蟹黄油，加黄酒及姜炒和，用水淀粉勾芡。取出笼中鱼翅，将原汁倒入锅中，烧至稠浓，待用。

④蟹黄油盛在鱼翅上面，随即放入大圆盘内，浇上翅汁，淋上熟鸡油。在盘两边放上香菜叶、姜丝，撒上胡椒粉即成。

制作要点：

①鱼翅用米汤发制，既白且嫩，发制时间又短，一般24小时即成。

②焖制鱼翅时，火候要把握好。

③蒸制鱼翅时，要用大火。

成品特点：

蟹黄鲜肥，鱼翅软糯，颜色黄润，味美醇厚。

项目4

荤、素菜类热菜制作

【项目目标】

1. 了解各种荤、素菜类热菜的制作特点。

2. 掌握各种荤、素菜类热菜的制作方法。

【项目介绍】

本项目的主要内容是学习荤、素菜类热菜制作。荤、素菜类热菜品种繁多，烹法多样，选料严格，调味讲究。

任务1 炒素蟹粉

1）任务

学习制作炒素蟹粉。

2）目标

了解炒素蟹粉的用料规格和制作过程，掌握其制作要点。

图4.1 炒素蟹粉

3）用料规格

土豆200克，竹笋30克，胡萝卜100克，香菇（干）50克，鸡蛋150克，豌豆苗5克，精盐3克，米醋7克，葱1克，味精2克，姜末1克，花生油30克，黄酒6克。

4）制作方法

①将土豆、胡萝卜、竹笋全部洗净蒸熟。

②将熟土豆去皮，用刀背将其掀拍成泥。

③将胡萝卜剁成泥，放在净布里挤干水。

④将香菇浸发去蒂洗净，与熟竹笋、葱一起切成细丝。

⑤鸡蛋磕入碗内搅匀，放入土豆、香菇、笋丝、葱丝、姜末拌匀。

⑥炒锅置于旺火上，放入花生油，烧至八成热，下入拌匀的素料煸炒2分钟左右。

⑦待素料凝成粒状时，加花生油、精盐、味精，搅匀后再加入豌豆苗，翻炒几下，加黄酒、米醋、姜末，炒至卤汁稍干即成。

5）制作要点

煸炒素蟹粉时掌握好火候。

6）成品特点

“蟹”香流溢，颜色似玉如丹，色、香、味、形、质与“蟹粉”媲美。

7）任务评价

项目 \ 分数 指标	刀工	口感	色泽	口味	盘形	动作	速度	卫生	节约	合计
标准分（百分制）	15	20	20	20	5	5	5	5	5	100
扣分										
实得分										

8）能力拓展

冬冬青

用料规格：

冬笋250克，油菜心250克，香菇（干）30克，虾子1克，淀粉（蚕豆）8克，精盐3克，清鸡汤适量，熟猪油30克。

制作方法：

①将冬笋尖剖开，切成长约5厘米、厚约1厘米的笋片。

②将油菜心洗净，削成橄榄形，菜叶切齐。

③将水发香菇择洗干净，斜片成片。

④炒锅置于火上，舀入熟猪油，烧至四成热，将冬笋、油菜心分别入锅焐油至透，捞出。

⑤将原锅油倒去，原锅再上火，舀入清鸡汤，加虾子烧沸。

⑥放入笋片、香菇片，加熟猪油入锅烧约5分钟后，再放入油菜心，加入精盐，用水淀粉勾芡，将香菇、冬笋、油菜心在盘中排齐即成。

制作要点：

煸炒时火候的掌握，冬笋、油菜心过油，要掌握好油温。

成品特点：

色泽艳丽，菜心碧绿，咸鲜质脆，清淡可口。

任务2　干酱茭白

图4.2　干酱茭白

1）任务

学习制作干酱茭白。

2）目标

了解干酱茭白的用料规格和制作过程，掌握其制作要点。

3）用料规格

茭白500克，油菜心100克，甜面酱75克，白糖10克，味精1克，盐3克，酱油15克，料酒10克，香油10克，植物油（熟）100克，淀粉适量。

4）制作方法

①将茭白切成5厘米长、1厘米见方的长条。将油菜心洗净，平铺在盘上。将酱油、白糖、盐、料酒、味精和清水入碗中兑成汤汁。

②炒锅置于旺火上，下植物油烧至六成热时，将茭白条下入锅中炸至金黄色时捞起，滗去余油。锅内留油，加盐，将菜心炒熟起锅装盘垫底。

③锅内再放油烧至四成热，加甜面酱炒香，放茭白和匀，淀粉勾芡翻炒，淋香油起锅，盛入盘内菜心上即成。

5）制作要点

首先是油温的控制，其次是调料中的植物油作炸料用。

6）成品特点

酱香浓郁，脆嫩爽口，咸鲜带甜。

7）任务评价

项目＼分数＼指标	刀工	口感	色泽	口味	盘形	动作	速度	卫生	节约	合计
标准分（百分制）	15	20	20	20	5	5	5	5	5	100
扣分										
实得分										

8）能力拓展

酱爆双丁

用料规格：

茄子200克，黄瓜200克，甜面酱20克，酱油10克，白糖10克，精盐1克，味精2克，淀粉（豌豆）5克，大蒜（白皮）15克，大葱5克，姜5克，鸡油10克，花生油60克。

制作方法：

①将茄子、黄瓜去皮，洗净，切成丁。大葱、姜、大蒜洗净切末备用。

②将甜面酱、酱油、白糖、精盐、味精、鲜汤、淀粉调成芡汁。

③将茄丁、黄瓜丁入七成热油内炸透即可。

④锅内留底油，放入葱、姜、蒜炝锅，倒入茄丁，烹入芡汁，快速颠翻均匀，淋入鸡油出锅即成。

制作要点：

控制油温，注意味型。

成品特点：

色泽红亮，酱香味美，软嫩可口。

任务3　石烹白玉

图4.3　石烹白玉

1）任务

学习制作石烹白玉。

2）目标

了解石烹白玉的用料规格和制作过程，掌握其制作要点。

3）用料规格

豆腐300克，广东菜心200克，石子20粒，美极鲜5克，胡椒粉5克，鸡粉5克，精盐2克，上汤50克，料酒适量。

4）制作方法

①将豆腐制净，切成大块，焯水备用。广东菜心洗净备用。

②将豆腐放入沸水锅里焯水，备用。

③炒锅上火放少许底油加入上汤、美极鲜、鸡粉、精盐调味；倒入豆腐，大火烧开，小火入味，待豆腐收汁成红褐色，汤汁浓郁时，撒胡椒粉。

④石子烧烫，放入铁板内，倒入烹调好的豆腐，周围摆上广东菜心即可成菜。

5）制作要点

煸炒配料时汤汁要多一点，能盖过豆腐。大火烧沸，中小火烧制入味。

6）成品特点

软嫩鲜香，汤汁浓郁，味鲜可口。

7）任务评价

项目＼分数＼指标	刀工	口感	色泽	口味	盘形	动作	速度	卫生	节约	合计
标准分（百分制）	15	20	20	20	5	5	5	5	5	100
扣分										
实得分										

8）能力拓展

文思豆腐

用料规格：

豆腐450克，冬笋10克，鸡胸脯肉50克，熟火腿25克，鲜香菇25克，生菜15克，盐4克，味精3克，清鸡汤1 000克。

制作方法：

①将豆腐切成细丝，用沸水焯去黄水和豆腥味。将鲜香菇去蒂，洗净，切成细丝。冬笋去皮，洗净，煮熟，切成细丝。鸡胸脯肉用清水冲洗干净，煮熟，切成细丝。熟火腿切成细丝。生菜叶择洗干净，用水焯熟，切成细丝。

②香菇丝放入碗内，加清鸡汤，上笼蒸熟。将锅置于火上，舀入清鸡汤烧沸，放入香菇丝、冬笋丝、火腿丝、鸡丝、生菜叶丝，加入精盐烧沸，盛汤碗内加味精。

③另取锅置于火上，舀入清鸡汤，烧沸后投入豆腐丝，待豆腐丝浮上汤面，即用漏勺捞出盛入汤碗内上桌。

制作要点：

选用内酯豆腐、香菇、冬笋、火腿、鸡脯肉，都切成粗细一致的细丝。

成品特点：

刀工精细，软嫩清醇，入口即化。

任务4　汆蘑菇丸子

1）任务

学习制作汆蘑菇丸子。

2）目标

了解汆蘑菇丸子的用料规格和制作过程，掌握其制作要点。

图4.4　汆蘑菇丸子

3）用料规格

猪肉泥50克，鲜蘑菇200克，菜心100克，鸡蛋液30克，葱姜汁10克，绍酒10克，精盐2克，味精3克，胡椒粉1克，麻油10克，淀粉20克。

4）制作方法

①将菜心洗净，蘑菇洗净切成小丁放入猪肉泥加葱姜汁、绍酒、精盐、味精、鸡蛋液、淀粉搅上劲。

②锅置于火上，放水烧沸，将肉泥挤成丸子下锅汆熟，放入菜心，烧沸至熟。加入精

盐、味精、胡椒粉、麻油，起锅装碗即成。

5）制作要点

蘑菇与猪肉泥搅拌上劲，氽制时不易破裂。

6）成品特点

汤汁鲜美，丸子酥烂。

7）任务评价

项目＼分数＼指标	刀工	口感	色泽	口味	盘形	动作	速度	卫生	节约	合计
标准分（百分制）	15	20	20	20	5	5	5	5	5	100
扣分										
实得分										

8）能力拓展

口蘑蕨菜氽豆腐

用料规格：

口蘑200克，蕨菜100克，豆腐400克，海米50克，葱10克，姜10克，盐3克，鸡精3克，胡椒粉1克。

制作方法：

①将蕨菜择洗干净后切成段，口蘑切成片，豆腐切成块备用。

②锅内倒入油，油烧热后，下葱、姜、海米煸炒，再放入蕨菜煸炒，倒入适量清水。

③开锅后，放入口蘑煮片刻后再氽入豆腐，加入盐、鸡精、胡椒粉调味，出锅后撒上葱花即可。

制作要点：

蕨菜择洗要彻底，口蘑需要煮片刻。

成品特点：

清淡适口，口感清爽。

任务5 金饼熬茄子

1）任务

学习制作金饼熬茄子。

2）目标

了解金饼熬茄子的用料规格和制作过程，掌握其制作要点。

图4.5 金饼熬茄子

3）用料规格

茄子500克，玉米饼500克，五花肉100克，西红柿100克，葱10克，姜10克，蒜10克，盐3克，鸡精3克，料酒10克，酱油10克，白糖5克，干辣椒10克，大料5克，香油20克。

4）制作方法

①将茄子切成滚刀块，五花肉切片，葱、姜、蒜切碎备用。

②坐锅点火倒入油，油热后下大料、五花肉煸炒。放入葱、姜、蒜、干辣椒炒香，再放入茄子翻炒片刻，加入盐、鸡精、白糖、料酒、酱油调味。倒入适量清水烧开后焖7～8分钟，开盖后放入西红柿和玉米饼熬制片刻即成。

5）制作要点

炒制茄子时火候要把握好，熬制时间也要把握好。

6）成品特点

口味咸香，质感较好。

7）任务评价

项目 \ 分数 \ 指标	刀工	口感	色泽	口味	盘形	动作	速度	卫生	节约	合计
标准分（百分制）	15	20	20	20	5	5	5	5	5	100
扣分										
实得分										

8）能力拓展

炖菜核

用料规格：

油菜心600克，火腿30克，虾仁25克，鸡蛋清20克，鸡胸脯肉60克，鲜香菇15克，冬笋30克，黄酒10克，干淀粉3克，味精2克，盐3克，鸡油15克，熟猪油80克，清鸡汤适量。

制作方法：

①将油菜心洗净，菜头削成橄榄形，剖十字形刀纹，再将青菜叶切齐，取10厘米长的菜心。

②将火腿切片，冬笋去皮，洗净，切片。鲜香菇去蒂，洗净，切片。

③将鸡胸脯肉切成长约4.5厘米、宽约1厘米的柳叶片，放入碗中，加鸡蛋清、干淀粉拌匀。

④炒锅置于旺火上烧热，舀入熟猪油，烧至四成热时，放入油菜心，氽至半熟，捞起沥油。

⑤再将鸡片过油，鸡片呈白色时捞出。

⑥用砂锅1只，将菜心根向锅边，叶梢朝锅中心，再将火腿片、冬笋片、香菇片、鸡脯肉片顺序排列成圆形，放在油菜心上面，中心缀以虾仁。然后加入精盐、黄酒、味精、清鸡汤，置于旺火上烧沸后，改小火炖约15分钟，淋入熟鸡油即成。

制作要点：

把握好炖制火候，摆放油菜心时一定要将菜心根向锅边，叶梢朝锅中心。

成品特点：

菜棵形完整，菜叶鲜嫩，菜心柔软，味美鲜香，汤醇叶厚。

任务6　开洋扒蒲菜

图4.6　开洋扒蒲菜

1）任务

学习制作开洋扒蒲菜。

2）目标

了解开洋扒蒲菜的用料规格和制作过程，掌握其制作要点。

3）用料规格

蒲菜1 000克，虾米50克，姜10克，熟猪油70克，葱10克，精盐15克，淀粉（蚕豆）5克，味精1克，清鸡汤1 000克。

4）制作方法

①将蒲菜洗净，切成10厘米长的段。

②锅中舀入清鸡汤，置于旺火上浇沸。将蒲菜段投入锅中烫至六成熟时，捞出，用清水洗净。

③将炒锅置于旺火上烧热，舀入熟猪油，烧至六成热时，投入蒲菜略煸，放入清鸡汤、精盐、味精，烧至熟软时起锅。

④将葱、姜放在扣碗内，放入虾米。将蒲菜整齐摆放碗中，舀入清鸡汤，上笼蒸约8分钟取出。将汤汁滗入锅内，蒲菜复扣入盘中，拣去葱、姜。

⑤将锅中的原汤烧沸，用水淀粉勾芡，浇在蒲菜上即成。

5）制作要点

蒲菜要烫六成熟，不能直接烫熟。

6）成品特点

细嫩爽口，汤汁清鲜，清香四溢。

7）任务评价

项目 \ 分数 指标	刀工	口感	色泽	口味	盘形	动作	速度	卫生	节约	合计
标准分（百分制）	15	20	20	20	5	5	5	5	5	100
扣分										
实得分										

8）能力拓展

白扒口蘑

用料规格：

口蘑450克，白果（干）15克，陈皮6克，植物油15克，葱3克，姜3克，盐2克，味精1克，香油1克。

制作方法：

①将口蘑打梳子花刀，白果去皮涨发好，陈皮泡后切成小丁，葱、姜切末。

②锅内加少许底油，置于火上，用葱末、姜末烹锅，倒入口蘑、白果、陈皮，加盐、味精、香油颠翻均匀即可。

制作要点：

口蘑片不能切得太薄。

成品特点：

口味鲜香，汁色白而明亮。

任务7 平桥豆腐

1）任务

学习制作平桥豆腐。

2）目标

了解平桥豆腐的用料规格和制作过程，掌握其制作要点。

图4.7 平桥豆腐

3）用料规格

豆腐（南）300克，海参（水浸）50克，虾米25克，鸡胸脯肉50克，蘑菇（鲜蘑）25克，干贝25克，香菜（切末）15克，大葱15克，姜10克，料酒20克，精盐10克，味精3克，淀粉（玉米）25克，香油15克，热鸡汤适量。

4）制作方法

①将整块豆腐放入冷水锅中煮至微沸，以除豆腥和黄浆水。豆腐捞出后片成雀舌形，放入热鸡汤中，反复浸两次。

②鸡胸脯肉、蘑菇、海参均切成豆腐片大小，虾米洗净，用温水泡透。干贝洗净，去除老筋，放入碗内。

③加葱、姜、料酒、水，上笼蒸透取出。炒锅置于火上烧热，放油，放入配料、高汤、干贝汁，烧沸。

④将豆腐片放入锅中，加精盐、料酒、味精，烧沸后用水淀粉勾芡，淋入麻油盛入碗中再撒上香菜末即成。

5）制作要点

芡汁不能太稠，豆腐下锅后不能用力搅动，不然豆腐会碎。

6）成品特点

肉质细嫩，清香爽滑，口味鲜咸。豆腐鲜嫩油润，汤汁醇厚，油封汤面，入口滚烫。

7）任务评价

项目 \ 分数 \ 指标	刀工	口感	色泽	口味	盘形	动作	速度	卫生	节约	合计
标准分（百分制）	15	20	20	20	5	5	5	5	5	100
扣分										
实得分										

8）能力拓展

西湖莼菜汤

用料规格：

西湖鲜莼菜175克，熟火腿（上方）25克，清汤350毫升，熟鸡油10毫升，鸡脯肉（熟）50克，精盐2.5克，味精2.5克。

制作方法：

①将鸡脯肉（熟）、熟火腿均切成6厘米长的丝。将炒锅置于旺火上，舀入清水500克烧沸，放入莼菜。煮沸后立即捞出莼菜，沥去水，盛在汤碗中。

②将清汤、精盐、味精一起放入炒锅内烧沸，浇在莼菜上。再摆上熟鸡脯肉丝、熟火腿丝，淋上熟鸡油即可。

制作要点：

原料的处理。

成品特点：

碧翠鲜醇，清冽爽口。

任务8　剁椒豉汁熬豆腐

1）任务

学习制作剁椒豉汁熬豆腐。

2）目标

了解剁椒豉汁熬豆腐的用料规格和制作过程，掌握其制作要点。

图4.8　剁椒豉汁熬豆腐

3）用料规格

嫩豆腐（北）300克，剁椒100克，豆豉20克，蒜（白皮）10克，姜8克，植物油15克，精盐3克，味精2克。

4）制作方法

①将嫩豆腐切成片，豆豉剁碎，蒜、姜分别切片备用。

②将锅置于旺火上，放入植物油烧热。再放入剁椒、蒜片、姜片爆香。然后放入豆豉炒匀，倒入清水。

③水烧沸后再熬制5分钟，然后下入嫩豆腐片，煮沸后加入味精、精盐即可出锅。

5）制作要点

豆腐片要求厚薄均匀，放盐时不要过量。因为剁椒本身比较咸，同时熬制时间也要把握好。

6）成品特点

鲜嫩，口味浓郁。

7）任务评价

项目 \ 分数 指标	刀工	口感	色泽	口味	盘形	动作	速度	卫生	节约	合计
标准分（百分制）	15	20	20	20	5	5	5	5	5	100
扣分										
实得分										

8）能力拓展

香菇瑶柱烩豆腐

用料规格：

水豆腐500克，水发香菇（切片）200克，水发干贝100克，鸡蛋清50克，牛奶100克，豌豆100克，火腿片100克，精盐5克，香油3克，鸡精3克，料酒5克，水淀粉10克，鸡汤100克。

制作方法：

①将鸡蛋清、水豆腐、牛奶放入器皿内搅烂，放入精盐、鸡精调味搅匀，倒入汤盘内放蒸锅中蒸15分钟取出，用小刀把蒸好的豆腐划成菱形块。

②先将干贝洗净蒸好，倒入锅内，加入精盐、鸡精、火腿片、豌豆、香菇片、鸡汤，烧开，撇去浮沫，用水淀粉勾薄芡，淋入香油即可。

制作要点：

干贝浸泡后要洗净。豆腐入锅前要蒸制。

成品特点：

色泽鲜艳，味鲜香。

任务9 糟香鞭笋

图4.9 糟香鞭笋

1）任务

学习制作糟香鞭笋。

2）目标

了解糟香鞭笋的用料规格和制作过程，掌握其制作要点。

3）用料规格

生净嫩鞭笋肉300克，香糟汁50毫升，芝麻油10毫升，湿淀粉25克，味精3克，精盐5

克，色拉油25毫升。

4）制作方法

①将笋肉切成5厘米长的段，对剖开，用刀轻轻拍松。将香糟放入碗内，加水，搅散、捏匀，用细筛子或纱布滤去渣子，留下糟汁待用。

②炒锅置于中火上烧热，放入色拉油烧至130 ℃时，将鞭笋倒入锅内略煸，加水，烧5分钟左右。再放入精盐、味精，倒入香糟汁。用湿淀粉调稀勾芡，淋上芝麻油即成。

5）制作要点

香糟要过滤充分，煸炒鞭笋时油温要控制好。

6）成品特点

糟香浓郁，鲜嫩爽口，色泽明亮。

7）任务评价

项目＼分数＼指标	刀工	口感	色泽	口味	盘形	动作	速度	卫生	节约	合计
标准分（百分制）	15	20	20	20	5	5	5	5	5	100
扣分										
实得分										

8）能力拓展

大煮干丝

用料规格：

豆腐干500克，熟鸡丝50克，虾仁20克，熟鸡丝20克，熟鸡肝20克，熟鸡肫20克，熟火腿15克，冬笋25克，豌豆苗15克，虾子5克，熟猪油25克，酱油15克，精盐10克，清鸡汤200克。

制作方法：

①先将豆腐干批成薄片，再切成细丝，放入沸水钵中浸烫，沥去水。再用沸水浸烫二次，捞出沥水。

②炒锅置于火上，舀入熟猪油，放入虾仁炒至乳白色时，倒入碗中。

③锅中舀入清鸡汤，放干丝入锅中。再将鸡丝、肫、肝、笋放入锅内一边，加虾子、熟猪油，置锅于旺火上烧15分钟，待汤浓稠时，加酱油、精盐，加盖再煮5分钟，后离火。将干丝装入凹盘中，肫、肝、笋、豌豆苗分放在干丝四周，干丝上放火腿丝，撒上虾仁即成。

制作要点：

干丝反复烫制去除苦味，汤汁要煮入味。

成品特点：
色彩美观，干丝鲜嫩绵软，汤汁鲜醇。

任务10　椒油脆腐煮凤尾

图4.10　椒油脆腐煮凤尾

1）任务

学习制作椒油脆腐煮凤尾。

2）目标

了解椒油脆腐煮凤尾的用料规格和制作过程，掌握其制作要点。

3）用料规格

平菇500克，脆豆腐300克，荷兰豆200克，胡萝卜200克，葱末50克，盐3克，鸡精2克，白糖5克，花椒5克，胡椒粉1克。

4）制作方法

①将平菇洗净撕成条，胡萝卜、脆豆腐切成条。

②锅置于火上倒入油，放入花椒炸香后倒入水。水烧开放入平菇、脆豆腐、胡萝卜，煮一会儿再加入荷兰豆、盐、鸡精、白糖、胡椒粉调味，出锅后撒入葱末即可。

5）制作要点

原料初加工精细，煮制火候把握好。

6）成品特点

咸鲜微麻，口感脆嫩。

7）任务评价

项目＼分数＼指标	刀工	口感	色泽	口味	盘形	动作	速度	卫生	节约	合计
标准分（百分制）	15	20	20	20	5	5	5	5	5	100
扣分										
实得分										

8）能力拓展

酱扒茄子

用料规格：

长茄子（紫皮）350克，猪里脊肉50克，大蒜（白皮）5克，青红尖椒适量，葱10克，甜面酱25克，盐2克，味精2克，白砂糖3克，酱油15克，香油2克，花生油25克。

制作方法：

①先将茄子改刀成长条状加盐略腌，腌后的茄子挤出水后整齐摆在盘中，上笼蒸熟。里脊肉切成肉丝，青红尖椒、葱切成细末，大蒜剁成末备用。

②锅置于火上，加油，下肉丝炒熟。再加入甜面酱、盐、味精、白砂糖、酱油调味，勾芡，淋在蒸好的茄子条上。另起锅，把蒜末炒成金黄色浇在肉丝上，撒上青红尖椒和葱末即成。

制作要点：

原料初加工精细，煮制茄子时火候把握好。

成品特点：

口味浓郁，色泽鲜艳。

任务11　香菇扒豆腐

1）任务

学习制作香菇扒豆腐。

图4.11　香菇扒豆腐

2）目标

了解香菇扒豆腐的用料规格和制作过程，掌握其制作要点。

3）用料规格

香菇（干）45克，豆腐100克，白砂糖20克，蚝油75克，麻油25克，老抽50克，味精1克，精盐1克，色拉油100克，上汤适量。

4）制作方法

①将豆腐洗净，切成4小块；香菇放入温水中涨发至回软，去蒂洗净，沥去水。

②炒锅置于旺火上，倒入色拉油烧至九成热，下豆腐块炸至金黄色。豆腐上浮时，出锅倒入漏勺沥去油。原锅复置于火上，放入色拉油、上汤、蚝油、白砂糖，然后烧沸。加老抽、精盐，放入炸好的豆腐，再下香菇烧沸。锅移置小火上将香菇、豆腐焖透，待汤浓入味时，下味精、麻油炒匀即成。

5）制作要点

香菇涨发至软，把握好炸制豆腐的时间。

6）成品特点

口味浓郁，味鲜香，肥嫩爽滑。

7）任务评价

项目 \ 分数 \ 指标	刀工	口感	色泽	口味	盘形	动作	速度	卫生	节约	合计
标准分（百分制）	15	20	20	20	5	5	5	5	5	100
扣分										
实得分										

8）能力拓展

高丽香蕉

用料规格：

香蕉200克，鸡蛋清150克，绵白糖40克，淀粉50克，色拉油1 500克（约耗100克）。

制作方法：

①将香蕉去皮切成小滚刀块，拍上干淀粉，鸡蛋清搅打成蛋泡，加淀粉搅匀成蛋泡糊。

②锅置于中火上，加入色拉油，烧至四成热时，移至小火上。香蕉逐块挂上蛋泡糊入锅中炸，用筷子将香蕉逐块翻动，然后用手勺不断地翻动，香蕉炸至鹅黄色时用漏勺捞出装盘，撒上绵白糖即成。

制作要点：

①搅打蛋泡糊时要打老，拌和淀粉要适量。

②炸香蕉时，油温不能太高，保持油温在二三成热，火力不能太旺。

③要不断地翻动香蕉，防止其色泽不匀。

成品特点：

色泽鹅黄，外层松绵，里香甜，大小一致，不变形。

任务12　松炸番茄

1）任务

学习制作松炸番茄。

2）目标

了解松炸番茄的用料规格和制作过程，掌握其制作要点。

图4.12 松炸番茄

3）用料规格

番茄300克，糯米粉100克，面粉50克，鸡蛋清60克，苏打粉8克，青椒5克，柿子椒5克，色拉油150克，白砂糖60克。

4）制作方法

①将番茄用开水烫一下，去皮。再将番茄切成菱形块，去籽，撒上面粉稍拌待用。

②用鸡蛋清、糯米粉、面粉、少许水搅拌均匀，加入苏打粉制成苏打粉糊。

③炒锅置于火上，倒入色拉油，待油四成热时，将番茄逐块蘸上苏打粉糊，放入锅中炸熟捞出。

④待油温至七成热时，再放番茄入锅中重炸一次，捞出控油装盘。

⑤撒上白砂糖，点缀青红丝即成。

5）制作要点

①调制蛋泡糊时，必须将蛋清全部打起，不可有底液。

②番茄挂糊时要求大小均匀，糊包住原料，形状美观。

③炸番茄时油温要低，采用中火低油温，多翻动，使之受热均匀，色泽一致。

6）成品特点

松软，鲜嫩，香甜。

7）任务评价

指标 分数 项目	刀工	口感	色泽	口味	盘形	动作	速度	卫生	节约	合计
标准分（百分制）	15	20	20	20	5	5	5	5	5	100
扣分										
实得分										

8）能力拓展

蛋 松

用料规格：

鸡蛋250克，精盐1.5克，黄酒5克，味精1.5中克，湿淀粉适量。

制作方法：

①鸡蛋中加入精盐、黄酒、味精，打匀。

②锅中加油烧至四成热（油多些），手握细眼筛子对准油锅，均匀地淋入打匀的蛋液，使之逐渐淋入油中受热成丝并浮起时，用筷子把它翻过来，略松一下捞出，放在小箩中尽量压干油分。

③在干净的包装纸上放入蛋丝，卷起，轻轻地推搓，纸潮即换纸，反复3～4次，使蛋丝成为干而膨松的蛋松即可。

制作要点：

①蛋液入油锅时，一定要使油面呈漩涡状，以便蛋丝拉细。蛋液里要放少许湿淀粉。

②正确掌握油温和时间，以防蛋松无丝或焦枯。

③蛋松一定要漏尽油，使其干而蓬松。

成品特点：

色泽金黄，丝丝分明，蓬松柔软，鲜香入味。

任务13　松炸鲜蘑

图4.13　松炸鲜蘑

1）任务

学习制作松炸鲜蘑。

2）目标

了解松炸鲜蘑的用料规格和制作过程，掌握其制作要点。

3）用料规格

鲜蘑菇200克，鸡蛋150克，色拉油500克，精盐1克，味精0.5克，面粉100克，淀粉50克，泡打粉5克。

4）制作方法

①将鲜蘑菇去蒂和杂质，洗净后放入沸水中焯一下，捞出，控净水分，放在碗里，加精盐、味精腌10分钟。

②把鸡蛋放在碗里，加入泡打粉，用筷子搅打成泡糊，加上淀粉搅拌均匀。

③净锅倒入色拉油，烧至三成热，把鲜蘑菇滚上一层面粉，再挂匀蛋糊放入油锅内炸透，捞出控油，码在盘内即可。

5）制作要点

鲜蘑焯水后要凉水漂洗，否则鲜蘑会呈褐色。

6）成品特点

色泽淡黄，外松脆，里鲜嫩。

7）任务评价

项目 \ 分数 \ 指标	刀工	口感	色泽	口味	盘形	动作	速度	卫生	节约	合计
标准分（百分制）	15	20	20	20	5	5	5	5	5	100
扣分										
实得分										

8）能力拓展

黄金草菇

用料规格：

草菇200克，鸡蛋2个，面粉100克，素鲜汤150克，植物油500克（实耗50克），生姜片10克，精盐15克，黄酒10克，麻油5克。

制作方法：

①将草菇洗净后放入沸水中略焯后捞出，沥干水分。

②炒锅置于火上，放适量植物油烧热，下生姜片炸香，烹入黄酒、素鲜汤。下草菇、精盐、味精，烧沸至汤稠，起锅沥水，稍晾。

③取1个大碗，打入鸡蛋，放入植物油、精盐，用筷子搅匀，放入面粉和适量清水，调成鸡蛋糊，倒入草菇。

④炒锅置于旺火上，放油烧至六成热。将草菇逐个裹上鸡蛋糊，下油锅炸至金黄色捞出，沥油装入平盘，淋上麻油即成。

制作要点：

①先将草菇用沸水略焯。

②鸡蛋糊的厚度要适当。

③炸制草菇时油温要把握好。

成品特点：

色泽金黄，香脆可口。

任务14 椒盐藕夹

1）任务

学习制作椒盐藕夹。

图4.14 椒盐藕夹

2）目标

了解椒盐藕夹的用料规格和制作过程，掌握其制作要点。

3）用料规格

莲藕250克，香葱1棵，花椒20克，食用油300克，猪肉泥150克，白胡椒粉、白砂糖、盐、生抽、料酒等少许，面粉60克，生粉30克，泡打粉4克。

4）制作方法

①将莲藕洗净用削皮刀刨去表皮，切掉藕节后从一端开始每间隔0.5厘米切入一刀，第一刀切至3/4处，第二刀切断，如此重复，将藕切成夹刀片。

②香葱洗净切末，放入猪肉泥中，加入料酒、白砂糖、白胡椒粉、生抽搅拌均匀。然后逐次加入少许水，并按一个方向不停搅拌，直到水分完全吸收，最后调入1/2茶匙盐。

③将面粉、生粉、泡打粉放入碗中，加入冰水搅成浓稠的糊状，筷子放入糊中再提起时，面糊应该呈细线状流下。将夹刀片藕片轻轻分开，在两片藕片中间加入适量馅心，轻轻压一下藕片，制成生坯。

④中火加热炒锅中的油至六成热，逐个在生坯上均匀地裹上一层脆皮糊，迅速放入油中炸至金黄色。将花椒放入一个干净炒锅，用小火一边加热一边翻炒，直至微焦并散发香气捞出。将花椒放在案板上用擀面杖擀压成碎末，放入碗中并加入剩余的盐拌匀，与藕夹同时上桌。

5）制作要点

①处理藕时刀工要精细。

②炸制藕片时温度要控制好。

6）成品特点

色泽金黄，口味咸鲜。

7）任务评价

项目 \ 分数 \ 指标	刀工	口感	色泽	口味	盘形	动作	速度	卫生	节约	合计
标准分（百分制）	15	20	20	20	5	5	5	5	5	100
扣分										
实得分										

8）能力拓展

酿丝瓜

用料规格：

丝瓜200克，瘦猪肉150克，马蹄100克，葱、姜、蒜各5克，鸡蛋100克，淀粉30克，料酒10克，蚝油10克，生抽5克，老抽5克，糖10克，香醋10克。

制作方法：

①将葱切成葱花，姜、蒜切末，马蹄切碎。瘦猪肉里加入鸡蛋、马蹄碎、葱末、姜末、蒜末、鸡蛋、淀粉、料酒、蚝油、生抽、糖，顺时针搅拌上劲。丝瓜洗净晾干，切成4厘米长的段，去掉内肉。

②将调好的肉馅均匀地酿入丝瓜里，锅里放入水，放入酿好的丝瓜大火蒸熟。将适量生抽、老抽、糖、少量水混合均匀，勾芡浇在丝瓜上即可。

制作要点：

①选用大小适度的嫩丝瓜，剔除筋，否则影响口感。

②酿丝瓜蒸制变色即好，时间不宜太长，否则会变色，影响成菜美观。

成品特点：

外形完整，丝瓜碧绿。

任务15 糖醋藕丸

1）任务

学习制作糖醋藕丸。

图4.15 糖醋藕丸

2）目标

了解糖醋藕丸的用料规格和制作过程，掌握其制作要点。

3）用料规格

莲藕500克，海米100克，肉馅（余料约80克），小葱10克，生姜10克，精盐3克，料酒10克，香油10克，酱油1克，香醋20克，白糖30克，水淀粉10克，大蒜10克，面粉30克，鸡蛋50克，食用油200克。

4）制作方法

①将莲藕洗净，刮去外皮，除节切半，用刀切成厚片，再用刀背拍松剁碎。将泡好的海米和腌过的肉馅分别加入藕蓉中，制成馅料。将馅料放入调理盆，加入面粉和鸡蛋，撒上适量的精盐，滴上香油，混合拌匀。

②锅中放入食用油，烧至六成热时将馅料捏成大小一致的小丸子，放入油锅中炸成金黄色，捞出沥油。将食用油（底油）、葱碎、姜丝、蒜片、酱油、香醋、白糖、热水、水淀粉等调成糖醋汁。

③锅中留底油，放入葱碎、姜丝和蒜片，爆香后放入酱油、香醋和白糖，熬上片刻后加入热水，放入藕丸，小火烧约5分钟。

④大火收汤汁，最后淋入水淀粉勾芡，混合均匀即可。

5）制作要点

①馅料调制口味适中。

②炸制丸子时火候要把握好。

③熬制时间要控制好。

6）成品特点

色泽红亮，形状饱满，口味酸甜。

7）任务评价

项目＼分数＼指标	刀工	口感	色泽	口味	盘形	动作	速度	卫生	节约	合计
标准分（百分制）	15	20	20	20	5	5	5	5	5	100
扣分										
实得分										

8）能力拓展

蚝油白灵菇

用料规格：

白灵菇400克，蚝油20克，葱10克，姜10克，精盐3克，味精3克，香菜15克，食用油100克。

制作方法：

①将白灵菇洗净，用刀斜切成大片，葱姜切成末。

②锅中放少量食用油，煸炒葱、姜，再放入白灵菇煸炒；加水、蚝油烧制，收汁。

③最后加香菜、精盐、味精等调味即可。

制作要点：

①烧制白灵菇时，火候要把握好。

②白灵菇切片大小要适中。

成品特点：

色泽红亮，口味鲜美。

任务16　素炒鳝糊

图4.16　素炒鳝糊

1）任务

学习制作素炒鳝糊。

2）目标

了解素炒鳝糊的用料规格和制作过程，掌握其制作要点。

3）用料规格

香菇（干）100克，冬笋（丝）75克，酱油10克，味精1克，白糖8克，花生油30克，盐3克，香油10克，胡椒粉3克，姜（切末）3克，大蒜（蒜末）20克，淀粉20克，料酒5克，香菜（切段）25克。

4）制作方法

①将水发香菇洗净去梗，沿外边剪成0.5厘米宽、3厘米长的条，捏干水分。

②洗净的香菇放入碗内加料酒、盐、姜末，搅拌均匀，并蘸上干淀粉。

③炒锅洗净置于火上，放入花生油烧至七八成热，将香菇条抖散放入油锅内，用手勺搅散，捞出沥干油，制成素鳝待用。

④原锅留底油，放入冬笋丝煸几下，加入酱油、白糖，放入素鳝用大火烧沸。

⑤改用小火烧焖，待汤汁较浓稠时，加入味精、盐，调好口味，用水淀粉勾芡，倒入汤盆中。

⑥锅刷净放入香油烧沸，在素鳝中间挖一“凹”塘撒入蒜末、胡椒粉和香菜段，随后倒入烧沸的香油，“鳝糊”即成。

5）制作要点

①炸“素鳝”不宜用大火，时间不宜过长，尽量减少香菇的水分丧失，以保持软嫩。

②烧焖“素鳝”时，汤汁沸后即改小火，使原料入味。

6）成品特点

香菇皮黑肉黄，改刀后形似鳝丝，味美鲜嫩，蒜香浓郁。

7）任务评价

指标 分数 项目	刀工	口感	色泽	口味	盘形	动作	速度	卫生	节约	合计
标准分（百分制）	15	20	20	20	5	5	5	5	5	100
扣分										
实得分										

8）能力拓展

西芹炒百合

用料规格：

西芹350克，百合（干）100克，盐2克，胡椒粉1克，味精2克，色拉油500克（实耗30克），湿淀粉5克。

制作方法：

①将西芹洗净，切成3厘米见方的菱形块。

②将百合洗净，去老根，掰成小瓣。

③把西芹、百合放入沸水汤锅，烫至刚熟时捞起。

④炒锅放在火上，下油加热至四成热，下西芹、百合过油，捞出沥油。

⑤原锅复置于火上，倒入主料，快速翻炒至匀，放入盐、味精，勾芡收汁后起锅装盘即成。

制作要点：

①西芹、百合焯水和滑油时一定要适度，以保持西芹的脆绿色。

②烹制西芹、百合时不宜太咸，芡不宜太厚。

成品特点：

西芹翠绿，百合洁白，色雅清淡。

任务17　糖醋紫菜薹

图4.17　糖醋紫菜薹

1）任务

学习制作糖醋紫菜薹。

2）目标

了解糖醋紫菜薹的用料规格和制作过程，掌握其制作要点。

3）用料规格

紫菜薹500克，香干30克，熟春笋片50克，火腿片15克，虾米15克，酱油10克，醋20克，白糖20克，花生油50克，麻油30克。

4）制作方法

将紫菜薹去叶取嫩梗洗净，切成3厘米长的段，将香干切成5厘米长的段。虾米用冷水洗净，入沸水泡开。炒锅置于火上，舀入花生油烧热，放入紫菜薹、香干、笋片、虾米、火腿片炒透，加入酱油、白糖烧沸，烹入醋，颠勺起锅装盘，淋入麻油即可。

5）制作要点

紫菜薹入锅烹制时要迅速，才能保持原料脆嫩。

6）成品特点

色彩鲜艳，脆嫩，清爽利口，酸甜味醇。

7）任务评价

项目 \ 分数 指标	刀工	口感	色泽	口味	盘形	动作	速度	卫生	节约	合计
标准分（百分制）	15	20	20	20	5	5	5	5	5	100
扣分										
实得分										

8）能力拓展

清炒西兰花

用料规格：

西兰花250克，蒜（片）50克，盐5克，糖5克，色拉油200克。

制作方法：

①将西兰花切小朵，去粗皮，放入沸水中氽烫，再捞出放入冷水中浸泡，备用。

②锅烧热，加入适量色拉油，放入蒜片爆香。

③加入西兰花及所有调味料快炒均匀即可。

制作要点：

①西兰花先用沸水氽熟。

②炒制西兰花时需要急火快炒。

成品特点：

色泽翠绿，口味清淡。

任务18　扇面蒿子杆

图4.18　扇面蒿子杆

1）任务

学习制作扇面蒿子杆。

2）目标

了解扇面蒿子杆的用料规格和制作过程，掌握其制作要点。

3）用料规格

茼蒿400克，植物油40克，精盐2克，白砂糖5克，味精1克，香油5克。

4）制作方法

①选用新鲜的嫩茼蒿菜，去根和杂质，清洗干净，沥干水。

②将炒锅置于大火上烧热，放入茼蒿迅速煸炒，炒至茼蒿颜色变深绿，菜变软时加入白砂糖、味精、精盐，炒匀即可出锅装盘，淋上香油，趁热上桌。

5）制作要点

茼蒿需用急火快炒。

6）成品特点

色泽翠绿，口味清淡。

7）任务评价

项目＼分数＼指标	刀工	口感	色泽	口味	盘形	动作	速度	卫生	节约	合计
标准分（百分制）	15	20	20	20	5	5	5	5	5	100
扣分										
实得分										

8）能力拓展

黄金珍珠笋

用料规格：

连棒嫩玉米500克，干贝40克，菱形嫩丝瓜12片，熟火腿末5克，水发小香菇12片，熟猪油500克（实耗50克），绍酒10克，精盐3克，味精1克，葱段1根，姜片3克，水淀粉5克，鲜清汤50克。

制作方法：

①干贝去老肉洗净，放入碗内，加鲜清汤、葱段、姜片、绍酒上笼蒸透取出，拣去葱段、姜。玉米棒去壳、蒂、须，洗净，顺长剖成四片。

②炒锅置于火上烧热，舀入熟猪油，投入丝瓜片焐透捞起，再投入玉米棒焐透，连油倒入漏勺内。炒锅复置于火上，倒入原汁汤、干贝及玉米、小香菇，加熟猪油焐透，加精盐、味精，放入丝瓜片烧沸，水淀粉勾芡，用手勺推匀离火。

③用筷子将丝瓜片、香菇拣出围边，玉米、干贝倒在中间，撒上火腿末即成。

制作要点：

玉米、丝瓜焐油时，油温不可高，要焐透。干贝上的老肉必须去尽。香菇涨发洗净后，再擦洗表面黑色素，不可过早下锅久烧，防止吐出黑色。

成品特点：

色彩醒目，味道鲜香脆嫩。

任务19 烩什锦鲜蘑

1）任务

学习制作烩什锦鲜蘑。

2）目标

了解烩什锦鲜蘑的用料规格和制作过程，掌握其制作要点。

图4.19 烩什锦鲜蘑

3）用料规格

熟蘑菇500克，水发干贝50克，熟火腿片50克，熟肫片50克，熟鸡片50克，熟笋片50克，水发香菇50克，青豆50克，黄蛋糕100克，白蛋糕200克，虾仁50克，鸡蛋清30克，精盐3克，葱结10克，虾子1.5克，黄酒30克，清鸡汤400克，干淀粉5克，湿淀粉10克，熟猪油60克，熟鸡油75克。

4）制作方法

①将黄、白蛋糕切成4厘米长、2.5厘米宽的片。虾仁用清水洗净后沥去水分，用精盐、鸡蛋清、干淀粉浆起待用。

②炒锅置于火上，舀入清鸡汤，加入虾子、蘑菇、干贝、熟鸡片、火腿片、熟肫片、熟笋片烧沸，加入黄酒、熟猪油烧透。再加黄、白蛋糕、香菇、青豆烧透，然后加精盐，用湿淀粉勾芡，淋入熟鸡油，盛入大盘内。同时将另一只炒锅置于火上，舀入熟猪油烧热

后将虾仁、葱结炒至变色，烹入黄酒离火，拣去葱结，将虾仁盛于蘑菇上即可。

5）制作要点

①蒸黄、白蛋糕时，要防止蒸老起孔。

②虾仁入清水，可用筷子旋打，以除去血筋。

6）成品特点

蘑菇鲜嫩，卤汁醇厚，红、黄、白、青、黑色彩相映，鲜美爽口。

7）任务评价

项目 \ 分数 指标	刀工	口感	色泽	口味	盘形	动作	速度	卫生	节约	合计
标准分（百分制）	15	20	20	20	5	5	5	5	5	100
扣分										
实得分										

8）能力拓展

梅岭菜心

用料规格：

矮脚青菜20棵，冬笋50克，虾仁50克，水发香菇50克，火腿25克，鲜汤250克，精盐3克，味精1克，水淀粉20克，精炼油适量。

制作方法：

①将矮脚青菜去边叶，留菜心，洗净，再把菜心削成圆锥形，菜叶切成三角形。虾仁洗净，沥干，用精盐、水淀粉浆好；冬笋、火腿分别切片；香菇批成片。

②锅中放入精炼油置于火上烧热，投入菜心焐透，捞出沥油。

③锅中放入鲜汤、菜心、笋片、火腿、香菇，加盐烧透；再放味精，用水淀粉勾芡，离火，淋上油。菜头朝外，菜叶朝里摆成圆形装盘，放上滑油至熟的虾仁即可。

制作要点：

菜心焐油时要热锅冷油，严格掌握油温，防止菜色变黄。

成品特点：

色泽鲜艳、清爽，菜心糯软脆嫩，鲜咸适口，味道清香。

任务20 砂锅菜心

图4.20 砂锅菜心

1）任务

学习制作砂锅菜心。

2）目标

了解砂锅菜心的用料规格和制作过程，掌握其制作要点。

3）用料规格

青菜1 500克，火腿片25克，熟笋片50克，熟鸡脯肉（切片）50克，水发冬菇片25克，虾仁50克，精盐4克，虾子2克，湿淀粉5克，清鸡汤500克，黄酒30克，熟鸡油20克，熟猪油750克。

4）制作方法

①将青菜头削成圆锥形，菜根剞上十字形花刀，菜叶切成三角形，成三寸长菜心。虾仁洗净沥水，用精盐、湿淀粉上浆上劲。

②炒锅上火烧热，舀入熟猪油，放入菜心焐透至翠绿色捞出沥油。

③取砂锅一只，先用部分青菜心垫底，将青菜头沿着砂锅边排成圆形，再将火腿片、鸡脯肉片、冬菇片、熟笋片排成圆形盖于菜心之上（露出菜心）。砂锅内舀入清鸡汤，加入精盐、虾子、黄酒，置于火上烧沸，淋入熟鸡油。与此同时，炒锅置于火上，放入熟猪油，将虾仁滑油至熟后点缀在砂锅正中即可。

5）制作要点

①菜心焐油时，要热锅冷油，既要焐透，又要保持菜心翠绿。

②砂锅炖制时，时间不宜太长，以防菜心变黄变烂。

6）成品特点

菜心翠绿，酥烂清鲜而不失其形。

7）任务评价

项目＼分数＼指标	刀工	口感	色泽	口味	盘形	动作	速度	卫生	节约	合计
标准分（百分制）	15	20	20	20	5	5	5	5	5	100
扣分										
实得分										

8）能力拓展

烧茄子

用料规格：

茄子500克，花生油500克（实耗40克），酱油25克，味精2克，精盐3克，水淀粉10克，葱末、姜末、蒜末各少许。

制作方法：

①将茄子洗净，切成3厘米厚的块，每块剞上刀纹，再切成条，斜刀片成1厘米厚的抹刀片。

②将酱油、味精、精盐、葱末、姜末、蒜末、水淀粉、清水100克兑成芡汁。

③将炒锅置于旺火上，放入油，烧至七八成热时放入茄子片干炸，用手勺勤翻动，炸至面皮焦时捞出，控净油。

④锅内油倒出，留少许底油，再复置于火上烧热，放入蒜末煎黄，待煎出香味，倒入芡汁和茄片同烧，搅拌均匀，汁芡浓稠即成。

制作要点：

①茄子剞刀要均匀。

②炸制茄子时火候要把握好。

成品特点：

红亮油润，汁浓味美。

任务21　冬瓜盅

图4.21　冬瓜盅

1）任务

学习制作冬瓜盅。

2）目标

了解冬瓜盅的用料规格和制作过程，掌握其制作要点。

3）用料规格

小冬瓜1 000克，清汤500克，冬菇100克，味精1克，冬笋100克，精盐15克，山药100克，熟豆油25克，白果100克，香菜段10克，莲子100克。

4）制作方法

①将小冬瓜洗净后，刮去外层薄皮。将冬瓜上端切下1/3留作盖用，然后挖去瓜子及瓜瓤，放入开水锅中烫至六成熟，再放入凉水中浸泡冷透。

②取冬菇、冬笋、山药洗净切成1厘米见方的小丁，白果、莲子去皮洗净，并将山药、

白果、莲子入笼蒸烂。

③将锅烧热，放入清汤，再放入冬菇、冬笋、山药、白果、莲子，用大火烧开，用小火煨约5分钟，然后倒入冬瓜盅内。另加入清汤、味精、精盐和少许熟豆油，盖上盖，上屉蒸15分钟，取出放在大碗里，撒上香菜段即成。

5）制作要点

①冬瓜刮皮时需保持绿色。

②冬瓜需用碱水焯透。

6）成品特点

翠绿，口味鲜嫩清香。

7）任务评价

项目 \ 分数 \ 指标	刀工	口感	色泽	口味	盘形	动作	速度	卫生	节约	合计
标准分（百分制）	15	20	20	20	5	5	5	5	5	100
扣分										
实得分										

8）能力拓展

老煮百叶

用料规格：

老百叶400克，金华火腿200克（或者其他火腿，腊肉、腊肠均可），蒜10克，姜丝10克，葱花10克，精盐20克，味精10克。

制作方法：

①老百叶切成约0.5厘米厚的片，火腿片切成和老百叶片大小一致，待用。

②待锅烧热之后，倒入油，然后加入蒜和姜丝爆锅。将老百叶和火腿倒入锅中翻炒。翻炒之后往锅中加水，大火烧开，文火炖制。

③待炖至汤汁少时，调入精盐和味精，撒入葱花，收汁即可。

制作要点：

①炒制百叶火候要把握好。

②炖制百叶的时间要控制好。

成品特点：

红白分明，口味咸鲜。

任务22 挂霜生仁

图4.22 挂霜生仁

1）任务

学习制作挂霜生仁。

2）目标

了解挂霜生仁的用料规格和制作过程，掌握其制作要点。

3）用料规格

生花生米300克，白糖50克。

4）制作方法

①将花生米放入炒锅内，上中火炒制酥脆，用漏勺筛出花生米，脱去花生米外皮待用。

②炒锅上中火，倒入清水和白糖，待炒至糖水冒泡时，将花生米倒入再颠翻炒锅，离火并用手勺不停地翻动，凉透见霜状时，装盘即成。

5）制作要点

①炒制花生时宜放入吸热较快的石子，这样能避免花生炒焦。

②熬糖汁时加水适量（过多不易熬尽，过少糖汁不易熬透），用小火熬至水分将尽，糖汁初起小泡，后转大泡，此时即可投入原料挂匀糖汁，熬过头或不足均难以挂霜成形。

6）成品特点

色白如霜，香甜酥脆。

7）任务评价

项目 \ 分数 \ 指标	刀工	口感	色泽	口味	盘形	动作	速度	卫生	节约	合计
标准分（百分制）	15	20	20	20	5	5	5	5	5	100
扣分										
实得分										

8）能力拓展

挂霜桃仁

用料规格：

核桃仁300克，葡萄糖粉100克，白糖200克，口纸3张，色拉油250克。

制作方法：

①将核桃仁入沸水浸泡10分钟取出，用牙签拨去核桃仁皮，洗净。

②炒锅置于火上，舀入色拉油，待烧至五成热时放入核桃仁，炸至呈淡黄色轻浮于油面时，将核桃仁倒入漏勺沥油，再放入盘中用口纸吸干油分。

③炒锅复置于火上，放入清水、白糖烧沸，用手勺不停搅动。待糖汁起稠，勺头有黏丝状的，锅离火，放入核桃仁，用锅铲炒匀。待糖汁紧裹核桃仁，再放入葡萄糖粉，搅拌至核桃仁成颗粒状，倒入盘中晾开，待冷却后装盘。

制作要点：

①炸制核桃仁时，油温一定要控制好，否则容易变焦。

②熬糖汁时要注意糖汁的变化，及时离火，熬过头或不足均难以挂霜成形。

成品特点：

糖霜洁白，核桃仁酥脆甜松。

任务23　拔丝苹果

1）任务

学习制作拔丝苹果。

图4.23　拔丝苹果

2）目标

了解拔丝苹果的用料规格和制作过程，掌握其制作要点。

3）用料规格

苹果350克，白糖150克，花生油750克，熟芝麻10克，鸡蛋1个，干淀粉150克。

4）制作方法

①将苹果洗净，去皮、心，切成3厘米见方的块。鸡蛋打碎在碗内，加干淀粉、清水调成蛋糊，放入苹果块挂糊。

②锅内放花生油烧至七成热，下苹果块，炸至苹果外皮脆硬，呈金黄色时，倒出沥油。

③原锅留油25克，加入白糖，用勺不断搅拌至糖溶化，糖色呈浅黄色并起黏丝时，倒

入炸好的苹果，边颠翻，边撒上芝麻，即可出锅装盘。

5）制作要点

①苹果裹糊时要均匀，不能脱糊。

②熬糖时，要注意色泽，熬嫩拔不出丝，熬老糖会焦化发苦。

6）成品特点

糖丝细长，苹果香甜软嫩。

7）任务评价

项目 \ 分数 \ 指标	刀工	口感	色泽	口味	盘形	动作	速度	卫生	节约	合计
标准分（百分制）	15	20	20	20	5	5	5	5	5	100
扣分										
实得分										

8）能力拓展

蜜汁芋艿

用料规格：

芋艿1 000克，桂花卤2克，蜂蜜120克，白糖200克，食碱20克，湿淀粉50克。

制作方法：

①将芋艿削去皮不洗（有水分就黏滑），切成梳背块，去棱角再修成菱形，洗净。

②炒锅置于火上，放入清水烧开后放碱，加入芋艿烧沸，1分钟后捞出，放在筛子内摊开，经风吹凉后即变红色。

③芋艿排入碗内，加少量水上笼蒸5分钟取出，滤去水（去碱味）。再放入白糖100克、桂花卤少许，复蒸至烂，取出滤去糖水，倒入盘内。

④炒锅置于火上，舀入少许水，加入蜂蜜、白糖、桂花卤少许烧开，用湿淀粉勾芡，起锅浇在芋艿上即可。

制作要点：

①芋艿经碱水氽后要吹凉使其上色。

②蒸芋艿时必须套二次水才能除去碱味。

成品特点：

色红香糯，汁浓甘甜。

任务24 蜜汁南瓜

图4.24 蜜汁南瓜

1）任务

学习制作蜜汁南瓜。

2）目标

了解蜜汁南瓜的用料规格和制作过程，掌握其制作要点。

3）用料规格

南瓜500克（可以配蜜枣、白果、枸杞），白糖150克，蜂蜜10克，色拉油50克，姜片10克。

4）制作方法

①南瓜去皮、洗净、切丁，用温水浸泡待用。

②将切好的南瓜丁整齐地放入盘里，加入姜片，入蒸笼蒸15分钟。

③取出，去掉姜片，轻轻扣入碗里。

④锅洗干净，上火放少许色拉油，加适量水、白糖和蜂蜜，小火熬制成浆，浇在南瓜上即可。

5）制作要点

①南瓜要用温水浸泡。

②蒸制时间要充足。

③熬制蜜汁的火候要把握好。

6）成品特点

口味香甜，质地酥烂。

7）任务评价

项目 \ 分数 \ 指标	刀工	口感	色泽	口味	盘形	动作	速度	卫生	节约	合计
标准分（百分制）	15	20	20	20	5	5	5	5	5	100
扣分										
实得分										

8）能力拓展

白雪银耳

用料规格：

银耳15克，鸡蛋清150克，冰糖25克。

制作方法：

①将银耳用七成热的水泡开，择去老根，撕成小瓣，放入碗内。加水上笼蒸20分钟取出，滗去水，将其晾凉。

②将鸡蛋清用竹筷顺着一个方向抽打出泡沫与银耳混合，放入笼中蒸10分钟取出。

③将冰糖放入碗内，加入清水，盖好再上笼蒸，冰糖溶化后取出，滤去杂质，倒入另一汤碗中，再将蒸好的白雪银耳放入冰糖水中即成。

制作要点：

①蛋清一定要顺着一个方向抽打出泡沫，否则不宜成形。

②银耳与蛋清上笼蒸制的时间控制好，时间过长或过短都不宜成形。

成品特点：

银耳软糯，晶莹透亮，汤汁甜纯，上浮蛋白，洁白如雪。

任务25　八宝饭

图4.25　八宝饭

1）任务

学习制作八宝饭。

2）目标

了解八宝饭的用料规格和制作过程，掌握其制作要点。

3）用料规格

糯米1 000克，赤豆500克，桂圆肉25克，瓜子仁5克，糖莲子40克，蜜饯200克，蜜枣75克，桂花5克，白糖1 250克，猪油200克。

4）制作方法

①将糯米淘洗干净，用冷水泡4～5小时，捞出沥干，放入垫有湿布的笼屉内，不要加盖，用大火蒸到冒气，米呈玉白色时，洒一点冷水，使米粒润湿。再加盖，继续蒸约5分钟，笼顶冒蒸气时，将米饭倒入缸中，加入白糖、猪油和开水拌和。

②将赤豆、白糖、桂花制成豆沙馅，将桂圆肉撕成长条，糖莲子一分为二。蜜枣去核剁成泥，连同蜜饯、瓜子仁，各分成30份。再用小碗30只，碗内抹猪油，将以上各色原料分别放在碗底排成图案。然后在上面薄薄地铺上糯米饭，中间放豆沙馅，糯米饭与碗口相

平，并轻轻抹平。随后把它放入笼屉，改用大火沸水蒸到猪油全部渗入饭内，并呈红色时（约需1小时），出屉覆入盘内（如不马上食用，可在冷却后再回蒸）即成。

5）制作要点

①糯米加水要适量，焖熟即可，不宜太软。

②亦可炒好豆沙馅，一层糯米饭夹一层豆沙，以3～4层为宜。

③碗内要抹油，糖油拌饭要均匀。

6）成品特点

糯米黏糯，配料香甜，色彩调和，油而不腻。

7）任务评价

项目 \ 分数 \ 指标	刀工	口感	色泽	口味	盘形	动作	速度	卫生	节约	合计
标准分（百分制）	15	20	20	20	5	5	5	5	5	100
扣分										
实得分										

8）能力拓展

琥珀莲心

用料规格：

通心去皮莲子150克，猪板油100克，冰糖、桂花卤各2克，桂圆250克，冰糖200克。

制作方法：

①锅内放入清水，放入莲子置于中火上烧沸，改小火焖约15分钟离火，将莲子捞出（汤汁待用）。

②将桂圆剥壳去核取肉，用桂圆肉将莲子包起来，排入扣碗内。加莲子原汤、猪板油、冰糖和桂花卤，盖上盖盘，上笼蒸至酥烂。拣去板油，滗下汤汁，将琥珀莲心扣入盘内，浇上汤汁即成。

制作要点：

①莲子去衣要用热碱水搅打，去衣后入冷水漂洗两三次去碱味。

②桂圆去核时要保其完整，不可残碎。

③冰糖宜后放，保持汤汁清澄。

成品特点：

桂圆棕红油亮，鲜甜柔韧。莲心酥嫩完整，汤汁清醇。

任务26　桂花糖藕

图4.26　桂花糖藕

1）任务

学习制作桂花糖藕。

2）目标

了解桂花糖藕的用料规格和制作过程，掌握其制作要点。

3）用料规格

生藕1 000克，糯米200克，白糖250克，糖桂花卤1克，荷叶200克，生猪板油50克，碱30克，湿淀粉15克。

4）制作方法

①将生藕用水洗净，去枝节，保持藕段完整。将藕段的一头切下，用水洗净藕孔内的污物，沥去水分待用。将糯米淘洗干净晾干，待用。从藕的切口处灌入糯米，灌满后用竹签把切下的藕头连接上，恢复藕段原状，防止糯米散落。

②锅置于火上，舀入清水，放藕，加入碱。清水要淹没藕段，加盖荷叶，盖上锅盖，煮2小时到藕烂为止。捞出藕，削去藕皮，将藕切成2厘米厚的片整齐地排入涂有熟猪油的大碗内待用。

③将放有藕的碗内加白糖120克、生猪板油、桂花卤，盖上盘子，上笼旺火蒸约半小时取出，翻身扣入盘内，滗去糖卤，拣去猪板油。

④炒锅置于火上，加清水100克、白糖130克烧沸，用湿淀粉勾芡，加入桂花卤，浇在藕片上即可。

5）制作要点

藕煮熟后，随即排入碗内，否则容易发黑，影响成品美观。

6）成品特点

清香软糯，酥烂有度。

7）任务评价

项目＼分数＼指标	刀工	口感	色泽	口味	盘形	动作	速度	卫生	节约	合计
标准分（百分制）	15	20	20	20	5	5	5	5	5	100
扣分										
实得分										

8）能力拓展

翡翠玛瑙

用料规格：

樱桃250克，青蚕豆200克，白糖50克，桂花卤1克，冰糖200克。

制作方法：

①将樱桃去柄核用水洗净，沥干水，用白糖腌制2小时待用。炒锅置于火上，舀清水入锅内烧沸，放入青蚕豆氽熟捞出。

②炒锅复置于火上，舀清水于锅中烧沸，移微火上，倒入冰糖烧沸，撇去冰糖浮沫，收稠卤汁，用汤筛过滤，加桂花卤，起锅盛入碗内，倒入樱桃、青蚕豆即可。

制作要点：

①樱桃用糖腌制，减轻酸味。

②青蚕豆焯水一熟就要捞出，以保持翠绿。

成品特点：

蚕豆翠绿，樱桃鲜红，香甜爽口。

任务27　西米橘瓣元宵

1）任务

学习制作西米橘瓣元宵。

图4.27　西米橘瓣元宵

2）目标

了解西米橘瓣元宵的用料规格和制作过程，掌握其制作要点。

3）用料规格

西米150克，糯米粉100克，糖水橘瓣100克，白糖250克，甜桂花卤1克。

4）制作方法

①将糯米粉用开水拌和成团，搓成细条，用刀切成丁，逐个搓成小元宵待用。西米淘净待用。

②锅上火，舀入清水烧沸，放入西米，移小火焖透（西米无硬心为好），加白糖，盛入碗内。另用锅，舀入清水浇沸，放入小元宵，待元宵浮起后用漏勺捞出，放在西米上面，加入橘瓣即可。

5）制作要点

①西米要焖透。

②煮元宵时，应用清水锅。

6）成品特点

西米软糯，橘瓣酸甜，元宵白嫩，汤汁清甜。

7）任务评价

项目 \ 分数 \ 指标	刀工	口感	色泽	口味	盘形	动作	速度	卫生	节约	合计
标准分（百分制）	15	20	20	20	5	5	5	5	5	100
扣分										
实得分										

8）能力拓展

香甜玉米羹

用料规格：

玉米粒（新鲜）300克，胡萝卜100克，鸡蛋清50克，绵白糖30克。

制作方法：

①胡萝卜洗净切成1厘米的丁。

②玉米粒加适量水用搅拌机搅成糊状，然后放入锅中加热。烧开后，加入胡萝卜丁，继续加热保持沸而不腾。

③鸡蛋清打散，放入锅内，顺同一方向轻轻搅动，再放入绵白糖烧开即可。

制作要点：

①玉米粒一定要选新鲜的，且必须搅成糊状。

②鸡蛋清下锅顺一方向搅成细丝状。

成品特点：

香味浓郁，入口香甜。

任务28 文楼涨蛋

1）任务

学习制作文楼涨蛋。

图4.28 文楼涨蛋

2）目标

了解文楼涨蛋的用料规格和制作过程，掌握其制作要点。

3）用料规格

鸡蛋400克，肥膘肉50克，鲜汤50克，面包糠10克，猪油、盐各11克，味精1克，葱3克，鲜汤适量。

4）制作方法

①将蛋清、蛋黄分开打散，蛋清打成发蛋，肥膘肉切成粒，面包糠用鲜汤泡开。

②将发蛋、蛋黄、肥膘肉粒、葱花、面包糠放在大碗内和匀，再加盐、味精拌匀。

③炒锅置于火上，倒入猪油烧热，蛋糊倒入锅内用手勺推动。待蛋糊外层凝固，转小火轻轻晃动锅，翻身盖上锅盖焖制，蛋膨胀后装入盘中。

5）制作要点

①进行烹制时，要不停地晃锅。

②蛋清要顺着一个方向抽打。

③蒸制蛋时，火候要把握好。

6）成品特点

色泽金黄，涨蛋膨松，味香细嫩。

7）任务评价

项目＼分数＼指标	刀工	口感	色泽	口味	盘形	动作	速度	卫生	节约	合计
标准分（百分制）	15	20	20	20	5	5	5	5	5	100
扣分										
实得分										

8）能力拓展

山药桃

用料规格：

山药750克，枣泥150克，糯米粉200克，红曲水10克，白糖200克，湿淀粉15克，糖桂花1克，熟猪油1 000克。

制作方法：

①将山药洗净，上笼蒸烂去皮剁成泥状，放入碗内，加糯米粉拌和揉匀，搓成长条，摘成剂子。将剂子擀成圆皮，分别包入枣泥，包捏成桃子，用刀在一侧压出一道沟纹，桃尖上刷上红曲水，逐一放在漏勺中。

②将炒锅置于火上，舀入熟猪油烧至八成热时，左手拿漏勺，右手用手勺舀油反复浇在桃子上，使之结软壳后放入盘内，上笼蒸10分钟取出。

③将炒锅置于火上，锅内舀入清水，加入白糖。待白糖溶化后，加入糖桂花，用湿淀粉勾芡，起锅浇在桃子上即可。

制作要点：

①糯米粉和山药泥揉和后，软硬要适度，硬则易裂，软则不易成型。

②浇炸油要热，才能定型。

③蒸制米粉成熟即取下，否则易变形。

成品特点：

形如桃子，甜而细腻，软糯适口。

任务29　蜜汁橄榄山芋

图4.29　蜜汁橄榄山芋

1）任务

学习制作蜜汁橄榄山芋。

2）目标

了解蜜汁橄榄山芋的用料规格和制作过程，掌握其制作要点。

3）用料规格

山芋500克，糖桂花2克，白糖130克，蜂蜜15克，精炼油500克。

4）制作方法

①将山芋切成长条，用小刀修成橄榄形，用150 ℃油炸至外呈金黄色捞出沥油。

②锅中放入蜂蜜、白糖、清水烧制黏稠，倒入山芋，淋入糖桂花，翻拌均匀，装盘即可。

5）制作要点

炸制山芋时，要控制好油温。

6）成品特点

滋润香甜，糯而不糊，汁如蜂蜜，色泽黄亮，造型美观，营养丰富。

7）任务评价

项目 \ 分数 \ 指标	刀工	口感	色泽	口味	盘形	动作	速度	卫生	节约	合计
标准分（百分制）	15	20	20	20	5	5	5	5	5	100
扣分										
实得分										

8）能力拓展

生煸枸杞头

用料规格：

枸杞头400克，竹笋50克，猪肉50克，盐5克，白糖3克，料酒5克，干淀粉20克，精炼油30克。

制作方法：

①将枸杞头去杂叶洗净沥干水，竹笋去壳洗净，入淡盐水中煮熟，然后切成细丝。

②将猪肉切成细丝，放入盐、料酒、干淀粉拌匀腌制15分钟。

③炒锅烧热加精炼油，放入肉丝煸炒至颜色变白盛出。

④另起油锅，油烧热到八成热时，放入笋丝、枸杞头，大火快速煸炒，加盐、白糖，加入肉丝炒匀即可。

制作要点：

翻炒枸杞头时火力要大，动作要快。

成品特点：

色泽碧绿，吃口略苦，回味甘甜，清香爽口。

任务30 生炒鲜奶

图4.30 生炒鲜奶

1）任务

学习制作生炒鲜奶。

2）目标

了解生炒鲜奶的用料规格和制作过程，掌握其制作要点。

3）用料规格

鲜牛奶250克，鸡蛋清250克，鸡肝25克，味精3.5克，蟹肉25克，精盐4克，腌虾仁25克，干淀粉2克，炸榄仁25克，熟猪油500克，熟瘦火腿15克。

4）制作方法

①将火腿切成约1.5厘米见方的小粒，鸡肝切成长、宽各2厘米的片。

②将鸡肝放入沸水锅焯至熟，倒入漏勺沥去水。用中火烧热炒锅，下油，烧至四成热，放入虾仁、鸡肝过油至熟，倒入笊篱沥去油。

③用中火烧热炒锅，下牛奶，烧至微沸盛起，将已用牛奶调匀的干淀粉、鸡蛋清、鸡肝、腌虾仁、蟹肉、火腿一并倒入拌匀。

④用中火烧热炒锅，下油搪锅后倒回油盆，再下油，放入已拌料的牛奶，边炒边翻动，边加油2次，炒成糊状，再放入炸榄仁，淋油，炒匀上碟。

5）制作要点

炒制鲜牛奶时，火不能大，这样容易糊底。

6）成品特点

色泽洁白，软嫩滑爽，鲜香浓郁，清爽可口。

7）任务评价

指标 分数 项目	刀工	口感	色泽	口味	盘形	动作	速度	卫生	节约	合计
标准分（百分制）	15	20	20	20	5	5	5	5	5	100
扣分										
实得分										

8）能力拓展

香椿芽炒蛋

用料规格：

香椿250克，鸡蛋250克，精盐5克，味精3克，大葱5克，花生油10克，淀粉（豌豆）6克，葱油20克。

制作方法：

①将香椿洗净，切末。

②将鸡蛋打入碗内，加少许汤和精盐、味精、葱油调味，再加少许淀粉，放入香椿末搅匀。

③锅中加花生油烧热，倒入香椿鸡蛋液，炒熟即可。

制作要点：

香椿和蛋液混合在一起。

成品特点：

口感滑嫩，香味独特。

任务31　天下第一菜

1）任务

学习制作天下第一菜。

图4.31　天下第一菜

2）目标

了解天下第一菜的用料规格和制作过程，掌握其制作要点。

3）用料规格

锅巴100克，虾仁200克，熟鸡丝100克，番茄酱100克，料酒20克，白糖50克，味精20克，淀粉、精盐、清鸡汤适量。

4）制作方法

①将虾仁洗净，加干淀粉、精盐、清鸡汤搅至上劲。

②将清鸡汤放入锅中烧开，下入虾仁、熟鸡丝、料酒、白糖、味精、番茄酱烧开，用淀粉勾芡，淋入香油成卤汁。

③锅巴下7成热油锅中炸脆，捞出装盘，再淋一勺热油后迅即倒入卤汁即成。

5）制作要点

炸制锅巴时，要控制好油温。

6）成品特点

口感酥脆，色泽金黄。

7）任务评价

分数 指标 项目	刀工	口感	色泽	口味	盘形	动作	速度	卫生	节约	合计
标准分（百分制）	15	20	20	20	5	5	5	5	5	100
扣分										
实得分										

8）能力拓展

干炸平菇

用料规格：

平菇200克，小麦面粉70克，淀粉（玉米）30克，泡打粉2克，盐3克，味精5克，色拉油400克。

制作方法：

①将平菇去蒂洗净，撕成条。

②将平菇条用盐、味精腌制入味。

③将小麦面粉、淀粉、泡打粉加水调成糊。

④勺内加色拉油烧至六成热，将平菇条挂匀面粉糊。

⑤将平菇条下入油锅中炸透，其呈金黄色时捞出装盘。

制作要点：

炸制平菇时，要控制好油温。

成品特点：

色泽金黄，外酥脆内鲜嫩，口味浓香。

任务32 拌双脆

1）任务

学习制作拌双脆。

2）目标

了解拌双脆的用料规格和制作过程，掌握其制作要点。

3）用料规格

莴笋200克，金针菇200克，盐4克，味精2克，绵白糖3克，红椒（丝）5克，生抽5克，香油10克。

图4.32 拌双脆

4）制作方法

①将金针菇焯水，取出放入冷水中浸泡。

②将莴笋切丝后先用盐腌制5分钟，沥干水分。

③将两种原料放在一只大碗内，加盐、味精、生抽、绵白糖一起搅拌，淋香油，放红椒（丝）点缀。

5）制作要点

①金针菇焯水后冷水浸泡，保护其本色不变。

②莴笋腌制入味，保持其脆感。

6）成品特点

色泽清爽，口感脆滑。

7）任务评价

项目 \ 分数 \ 指标	刀工	口感	色泽	口味	盘形	动作	速度	卫生	节约	合计
标准分（百分制）	15	20	20	20	5	5	5	5	5	100
扣分										
实得分										

8）能力拓展

醋熘木耳白菜

用料规格：

白菜250克，木耳30克，盐10克，酱油5克，米醋20克，淀粉10克，鸡精5克，蒜10克。

制作方法：

①将白菜除去叶子，只要叶茎。

②将白菜茎用斜刀切成片状，蒜切末，取一小碗加入盐、米醋、酱油、鸡精、淀粉调成醋熘汁待用。

③先用温水泡发干木耳，洗净掰成小朵。

④炒锅加热后加入适量食用油，加入蒜末爆香后，再加入白菜翻炒至白菜边缘透明。

⑤然后加入木耳稍稍翻炒，再加少许水焖软后，倒入醋熘汁烧开即可。

制作要点：
学会如何调汁。
成品特点：
酸甜爽脆，可口宜人。

任务33　馒头丝瓜松饼

图4.33　馒头丝瓜松饼

1）任务

学习制作馒头丝瓜松饼。

2）目标

了解馒头丝瓜松饼的用料规格和制作过程，掌握其制作要点。

3）用料规格

丝瓜100克，馒头50克，鸡蛋150克，面粉50克，盐1克，五香粉5克，鸡精8克，清水适量，葱10克。

4）制作方法

①首先将馒头掰碎，丝瓜去皮切成丝，葱切成葱花。

②大碗中放入丝瓜、馒头，再打入鸡蛋，放入盐、五香粉、鸡精，拌匀，然后加入两勺面粉。

③倒入小半杯清水，拌匀至水分都被馒头吸收即可。

④平底锅刷上油，取丝瓜糊均匀地铺满锅底，饼的大小要一致。

⑤用小火将饼煎至金黄色后翻面，至两面金黄色即可出锅。

5）制作要点

糊不能太厚，这样会影响口感。

6）成品特点

色泽金黄，可口宜人，口感酥软。

7）任务评价

分数 指标 项目	刀工	口感	色泽	口味	盘形	动作	速度	卫生	节约	合计
标准分（百分制）	15	20	20	20	5	5	5	5	5	100
扣分										
实得分										

8）能力拓展

可乐豆腐

用料规格：

老豆腐500克，红椒50克，姜5克，葱10克，可乐400克，老抽10克，盐5克，鸡精10克，油适量。

制作方法：

①老豆腐、可乐、红椒、葱备好。

②将老豆腐切成方块备用。

③将葱白切成葱段，姜切成片，葱、红椒切成粒待用。

④煎锅内放油烧热后，放入豆腐。

⑤用中小火将豆腐煎至两面金黄色。

⑥加入可乐（盖过豆腐面即可）、老抽、葱段和姜片烧开后转小火。

⑦收汁后，撒入盐、鸡精、葱花和辣椒粒，翻炒均匀即可。

制作要点：

煎制豆腐时，火候一定要掌握好。

成品特点：

色泽酱红，可口宜人。

任务34　菠菜鸡蛋卷

1）任务

学习制作菠菜鸡蛋卷。

2）目标

了解菠菜鸡蛋卷的用料规格和制作过程，掌握其制作要点。

图4.34　菠菜鸡蛋卷

3）用料规格

菠菜2根，鸡蛋3个，低筋面粉75克，胡椒粉1克，盐2克，清水适量，甜辣酱50克，酱油2克。

4）制作方法

①将菠菜用热水烫软后，加入适量的清水搅打成汁，倒出。再加入鸡蛋搅拌均匀，筛入低筋面粉和盐加入酱油、胡椒粉，搅拌均匀。

②小火热锅，锅内刷上一层薄油，舀一勺面糊，倒入平底锅内快速摊开。

③等面糊一面凝结了，翻面煎至凝结即可，然后卷起来配上甜辣酱即可上桌。

5）制作要点

煎制面糊时，火候一定要掌握好。

6）成品特点

色泽酱红，可口宜人。

7）任务评价

项目 \ 分数 指标	刀工	口感	色泽	口味	盘形	动作	速度	卫生	节约	合计
标准分（百分制）	15	20	20	20	5	5	5	5	5	100
扣分										
实得分										

8）能力拓展

马兰头拌香干

用料规格：

马兰头250克，香干70克，苹果醋10克，味精10克，盐5克，麻油15克。

制作方法：

将马兰头入热水锅焯烫一下，用凉水过一下，和香干一起切碎。放入盐、味精、麻油一起拌匀即可装盘食用。也可以加入苹果醋，但要马上吃，否则会变色。

制作要点：

马兰头烫制时间不能太长。

成品特点：

色泽碧绿，口味清香，可口宜人。

任务35 双色苦瓜卷

图4.35 双色苦瓜卷

1）任务

学习制作双色苦瓜卷。

2）目标

了解双色苦瓜卷的用料规格和制作过程，掌握其制作要点。

3）用料规格

苦瓜400克，红薯100克，紫薯150克，小红枣20克，盐10克，油50克，蜂蜜20克。

4）制作方法

①将苦瓜清洗干净，去除头尾部分，从中间切段。再用勺子的手柄掏出苦瓜的内瓤，内瓤一定要掏干净。

②取锅倒入清水置于火上，待水沸腾后在水中加入少许盐、少许油，然后将苦瓜段全部放入锅中焯水。2分钟后，捞出放入冷水中浸泡。

③将红薯、紫薯清洗干净放入蒸锅内焖蒸30分钟左右待全部熟透后取出，去皮，放入盆中。

④用食用压制器具将红薯、紫薯碾压成红薯泥与紫薯泥即可。然后将其分别放入碗中，最后分别添加适量的蜂蜜，搅拌均匀即可。

⑤将红薯泥与紫薯泥分别填满苦瓜，再将苦瓜切片即可。然后将苦瓜片摆放在盘子中，并用小红枣做装饰放置在每一苦瓜片上。一盘双色苦瓜卷就制作成功了。

5）制作要点

①苦瓜焯水时，时间尽可能长一些，这样可以去除些许苦味。

②在将紫薯泥与红薯泥填满苦瓜时，一定要用勺子压实，否则影响成品美观。

6）成品特点

色彩鲜艳，口味清爽，色香味形俱佳。

7）任务评价

分数 指标 项目	刀工	口感	色泽	口味	盘形	动作	速度	卫生	节约	合计
标准分（百分制）	15	20	20	20	5	5	5	5	5	100
扣分										
实得分										

8）能力拓展

奶油浓汤南瓜盅

用料规格：

南瓜1个，玉米片20克，淡奶油100克，牛奶100克，盐5克，黑胡椒2克。

制作方法：

①将南瓜表皮清洗干净，放入微波炉内调至高火10分钟后取出，晾一会儿后，用刀切下南瓜盖。

②用勺子挖掉南瓜子，并将南瓜瓤挖出放入碗中，然后将淡奶油倒入碗中，搅拌均匀，再倒入牛奶搅拌调节它的浓稠度。

③取盐与黑胡椒依次放入碗中，然后放入微波炉中调至中火热10分钟即可。

④将碗中的南瓜液倒入南瓜壳中，再撒上少许玉米片即可。

制作要点：

在制作南瓜液时，切记只加入淡奶油和牛奶，不要加水。这样蒸熟后的奶油南瓜汤汁味道会更香甜。

成品特点：

造型美观，奶香味四溢。

R E F E R E N C E S

参考文献

[1] 丁玉勇. 淮扬名菜制作[M]. 上海：复旦大学出版社，2015.

[2] 徐明. 淮扬菜制作[M]. 重庆：重庆大学出版社，2014.

[3] 人力资源和社会保障部教材办公室. 教学菜——淮扬菜[M]. 4版. 北京：中国劳动社会保障出版社，2015.

[4] 袁晓国. 淮扬菜[M]. 南京：译林出版社，2015.

[5] 闵二虎，穆波. 中国名菜[M]. 重庆：重庆大学出版社，2019.